不便益
―手間をかけるシステムのデザイン―

川上 浩司 編著

平岡 敏洋・小北 麻記子・半田 久志・谷口 忠大・塩瀬 隆之・岡田 美智男
泉 朋子・仲谷 善雄・西本 一志・須藤 秀紹・白川 智弘 共著

近代科学社

◆ 読者の皆さまへ ◆

　平素より，小社の出版物をご愛読くださいまして，まことに有り難うございます．

　㈱近代科学社は1959年の創立以来，微力ながら出版の立場から科学・工学の発展に寄与すべく尽力してきております．それも，ひとえに皆さまの温かいご支援があってのものと存じ，ここに衷心より御礼申し上げます．

　なお，小社では，全出版物に対してHCD（人間中心設計）のコンセプトに基づき，そのユーザビリティを追求しております．本書を通じまして何かお気づきの事柄がございましたら，ぜひ以下の「お問合せ先」までご一報くださいますよう，お願いいたします．

　お問合せ先：reader@kindaikagaku.co.jp

　なお，本書の制作には，以下が各プロセスに関与いたしました：

・企画：冨高琢磨
・編集：冨高琢磨
・カバーイラスト：廣田雷風
・組版，印刷，製本，資材管理：大日本法令印刷
・広報宣伝・営業：山口幸治，東條風太

●本書に記載されている会社名・製品名等は，一般に各社の登録商標または商標です．本文中の©，®，™等の表示は省略しています．

・本書の複製権・翻訳権・譲渡権は株式会社近代科学社が保有します．
・ JCOPY 〈（社）出版者著作権管理機構 委託出版物〉
　本書の無断複写は著作権法上での例外を除き禁じられています．
　複写される場合は，そのつど事前に(社)出版者著作権管理機構
　（電話 03-3513-6969，FAX 03-3513-6979，e-mail: info@jcopy.or.jp）の許諾を得てください．

はじめに

　便利な方が良いに決まっている．そう言い切って，良いのだろうか？
　不便でなければいけないこともある．そう思って，不便益システム研究所と名付けたウェブ上の仮想研究所を開設した．すると，様々な分野の研究者が訪ねて来た．その内の有志が「自分の分野における不便益（不便だからこそ得られる効用）」を持ち寄ったのが，本書である．
　仮想研究所を立ち上げた私は，不便益をシステムデザインの指針にすることを目論んでいる．たしかに，「不便の効用」という視点は，**既存のモノゴトの意味を再考する**手がかりになるのは間違いない．しかしそれだけでは満足できず，**新しいモノゴトを作り出す**手がかりにもしようというのである．
　そこで，寄稿分野をデザイン対象という視点から眺めてみる．つまり，持ち寄られた内容を「あえて手間のかかるシステム（モノやコト）をデザインする試み」だと捉えると，以下のように分類される．

モノのデザイン　2章では，乗用車のインタフェースという「モノ」のデザインを通して，安全運転やエコ運転をドライバに動機づける．機械が人の仕事を代替する「便利」な技術開発が進む中で，代替以外の関わり方を考えさせられる．3章では，義手という「モノ」のデザインを通して，「人のためのデザイン」を考える．

コトのデザイン　モノに媒介させずに，直接的に「方式」や「メカニズム（ルール）」をデザインすることによっても，コトは起きる．4章は，発想するというコトの支援環境をデザインする．5章では，ビブリオバトルと呼ぶ書評合戦を例にして，コミュニティ場のデザインに迫る．6章では，博物館における学習環境のデザインを通して，学びという「コト」を引き起こす．

モノを通したコトのデザイン　不便であるコトを前提に置くと，明示的に「モノを通したコトのデザイン」が意識される．7章では，「弱いロボット」というモノを通して，人とロボットの「関係」というコトがデザイ

ンされる．8章では，観光ナビのデザインを通して，人と場所との関係が議論される．9章では，人の活動を妨害するモノが，様々なコトを支援する．

システムデザイン一般　本書の最後では，個別の領域にとらわれずに横断的な議論を展開する．10章では，人間同士の間で起こるコトとそれを媒介するシステムを議論する「結びの科学」が構想される．11章では，生命システム論から不便益の実在証明が試みられている．

　目次を見ると，まったく異なる分野での試みが並んでいるだけのようである．しかし，その内実は，不便の効用を活用するというベースを分かち合い，お互いに知見を交換している．
　この，ゆるく分かち合っている状態も，不便益的には大切だと考えている．トップダウンに「不便益の定義」を固めてしまう方が，研究を進めるには「便利」である．しかし，それでは原理主義的になってしまい，思いもしなかった分野で不便益とみなせる事象が見つかることもなかったであろう．一般に，解釈が一意に定まらないことは，情報伝達を目的とすると「不便」なことである．しかし，それだからこその「益」がある．研究者によって，同じスローガンに対して様々な解釈をし，自らの研究分野に当てはめることができる．そしてその解釈のバリエーションは，選択肢として互いに分かち合える．
　どの章から読み始めても良いように，各章完結である．ただし，他のどの章と知見を交換し合ったかも読み取れる．それをたどって，興味の向くまま，つまみ食いができる構成になっている．

川上浩司

目 次

はじめに　　　　　　　　　　　　　　　　　　　　川上浩司

第1章　不便益システムデザイン　　　　　　　　川上浩司　　1
1.1　不便益の不便 …………………………………………… 2
1.2　まだ見ぬ便利社会 ……………………………………… 2
1.3　不便益を知る …………………………………………… 4
1.4　不便益を考える ………………………………………… 12
1.5　不便益を活かす ………………………………………… 15
1.6　まとめ …………………………………………………… 19
　　　第1章 関連図書 ……………………………………… 20

第2章　自動車の運転支援　　　　　　　　　　　平岡敏洋　　21
2.1　自動車における便利と不便，益と害 ………………… 22
2.2　運転支援システムの分類 ……………………………… 23
2.3　ドライバの心理に関する理論 ………………………… 26
2.4　エコドライブに対する支援 …………………………… 29
2.5　安全運転に対する支援 ………………………………… 30
2.6　円滑な運転に対する支援 ……………………………… 32
2.7　覚醒維持に対する支援 ………………………………… 33
2.8　まとめ …………………………………………………… 34
　　　第2章 関連図書 ……………………………………… 36

第3章　義手のデザイン：人に関わるモノのあり方を考えるために
　　　　　　　　　　　　　　　　　　　　　　　小北麻記子　　39
3.1　手における不便 ………………………………………… 40
3.2　義手における不便 ……………………………………… 43
3.3　便利な義手と不便益な義手 …………………………… 46
3.4　義手と不便益と作り手 ………………………………… 54
　　　第3章 関連図書 ……………………………………… 56

第 4 章　発想支援　　　　　半田久志, 川上浩司, 平岡敏洋　59

- 4.1　ブレストバトル ………………………………………… 60
- 4.2　不便益システムの発想支援 …………………………… 64
- 4.3　まとめ …………………………………………………… 71
- 第 4 章 関連図書 …………………………………………… 73

第 5 章　コミュニケーション場のメカニズムデザイン：書評ゲーム「ビブリオバトル」のデザインを読み解く　　谷口忠大　75

- 5.1　コミュニケーションはすべての問題の解法である． … 76
- 5.2　ビブリオバトル …………………………………………… 79
- 5.3　コミュニケーション場のメカニズムデザイン ………… 82
- 5.4　ゲームと遊び ……………………………………………… 88
- 5.5　まとめ ……………………………………………………… 90
- 第 5 章 関連図書 ……………………………………………… 93

第 6 章　博物館の学びを支える手がかりのデザイン　　塩瀬隆之　95

- 6.1　ネットの利便性が博物館に突きつけたもの …………… 96
- 6.2　学ぶために手間をかける ………………………………… 97
- 6.3　主体性を引き出す学びの場としての博物館 …………… 99
- 6.4　展示に埋め込まれた学びの手がかり …………………… 102
- 6.5　不便益から見た手間の価値 ……………………………… 110
- 第 6 章 関連図書 ……………………………………………… 112

第 7 章　〈弱いロボット〉と人とのインタラクションにおける不便益　　岡田美智男　115

- 7.1　はじめに …………………………………………………… 116
- 7.2　身体に本源的に備わる制約と不便益 …………………… 117
- 7.3　関係論的な行為方略を備えた〈ゴミ箱ロボット〉 …… 120
- 7.4　〈ゴミ箱ロボット〉にまつわる不便益とは？ ………… 124
- 7.5　まとめ ……………………………………………………… 126
- 第 7 章 関連図書 ……………………………………………… 128

第8章　観光と不便益　　泉朋子，仲谷善雄　129

8.1　観光における便利と不便 …………………………… 130
8.2　不便な観光ナビゲーション …………………………… 135
8.3　まとめ …………………………………………………… 142
第 8 章 関連図書 ………………………………………… 143

第9章　妨害による支援　　西本一志　145

9.1　妨害による支援という考え方 ………………………… 146
9.2　「妨害による支援」と「不便益」の関係 ……………… 148
9.3　妨害による支援のパターン …………………………… 149
9.4　事例 ……………………………………………………… 150
9.5　「妨害による支援」の適用対象に関する検討 ………… 160
9.6　まとめ …………………………………………………… 163
第 9 章 関連図書 ………………………………………… 164

第10章　「結びの科学」に向けて　　須藤秀紹　167

10.1　結びの科学の考え方 …………………………………… 168
10.2　どう結ぶのか？　＜メディア・ビオトープとビオトープ指向メディア＞ ………………………………………………………… 169
10.3　何を結ぶのか？　＜コラボレーションと相乗効果＞ … 174
10.4　いつ結ぶのか？　＜タイミングの問題＞ …………… 175
10.5　事例紹介 ………………………………………………… 176
10.6　さらなる探究 …………………………………………… 183
第 10 章 関連図書 ………………………………………… 186

第11章　生命システム論から不便益を捉えなおす：不便益の実在証明
　　　　　白川智弘　189

11.1　不便益は本当にあるのか？ …………………………… 190
11.2　便利は環境に依存する ………………………………… 192
11.3　周辺タスク軸は複数存在する ………………………… 196
11.4　いかなるデザインもトレードオフを免れ得ない …… 200
11.5　不便益の存在証明 ……………………………………… 203
第 11 章 関連図書 ………………………………………… 207

索　引	209
執筆者一覧	215

第1章
不便益システムデザイン

　不便益とは，不便だからこそ得られる効用である [1]．これに注目することは，単なる懐古主義ではなく，「昔の暮しに戻れ」と主張する運動でもない．これは，既存のモノゴトを見直す視座の一つであり，さらには新たなモノゴトをデザインする指針である [2]．

　また，「効率だけを求めていてはいけない」と言われる時には，「何が」いけないのか，その内実を探る試みでもある．便利は人の能力を衰えさせるという忠告は，様々な分野で聞かれる．非常時には人としての能力が問われ，携帯がつながらないと何もできない，電気がないと途方に暮れるという状況に危機感を覚える人もあるだろう．確かにこれも，「何がいけないのか」と問われた時の答えの一つではある．しかし，それだけではない．

1.1 不便益の不便

不便 (inconvenience) と益 (benefit) は相容れないと思われるのが一般的である．益はポジティブなイメージの言葉だが，不便はネガティブなものとして捉えられるからであろう．ところが，その内実は確定していない．

「便利」とは，辞書によれば「目的を果たすのに都合の良いこと」である．一方で，「便利」をキーワードにしてウェブを検索し，上位200件余りを分析すると，便利を「省労力」の意味で使う場合が最も多い．このとき，労力は以下の2つの意味で捉えられる．

物理的労力　手間がかかる．時間経過を伴う場合が多いが，その限りではない．

心理的労力　認知リソースの消費（注意・記憶・思考など）を含め，特定のスキルが要求される．

「便利＝労力を省くことができる」と考えるのは，辞書の定義とは異なっていくぶん狭義である．また，この時の「労力」を上記2つとするのは，モノゴトを定量化可能なものさしでしか評価しないという浅薄な態度が感じられる．

そうとはいえ，テレビや雑誌などで喧伝される「便利」の内実を捉えているとも思われる．本書で「不便益」という時，「不便」はこの浅薄な定義に従うものとする．すなわち，以下のとおりである．

便利　タスク達成に必要な労力が省けること．

不便　便利ではないこと．

このように考えると，不便と益は相容れない言葉ではなくなる．労力をかけるからこその効用は，ある[1]．

[1] それどころか，労力をかければなにがしかの益があるのは自明であり，あえて不便益という言葉を作って語るまでもない，と言われることもある．

1.2 まだ見ぬ便利社会

1.2.1 単線的な便利追求

ねるねるねるね練っときました

「甘栗むいちゃいました」という菓子がある．従来は，天津甘栗を食べる前には消費者が硬い殻をむく必要があった．これに対してこの製品は，その手間を省いている．前章の便利の定義に従うなら，この製品は便利である．

図 1.1 富士山エスカレーターのイメージ [3]

一方で，同じメーカーから「ねるねるねるね」という菓子も発売されている．この製品は，食べる前に粉と液体を混ぜ合わせて菓子を完成させるという手間を，消費者に強いる．前章の便利の定義によれば，この製品は不便である．だからといって，「ねるねるねるね練っときました」という便利指向は，興醒めである．

富士山エスカレーター

登山が趣味の人がいる．前項の便利の定義に従うなら，登山は不便と呼ばれることになる．そして，不便を解消するために図 1.1 に示すようなエスカレータをつければ，興醒めである．その山は登山の対象から外されるであろう．仮にどこでもドアがあり，それで富士山の頂上に移動したとしても，そこで見る初日の出は単に美しいだけである．

究極のゴールデンバット

必ず狙い通りのヒットが打てる究極のバットがあれば便利である．しかし，本質的に野球の存在意義（益：野球の面白さ）がなくなる．北京オリンピックで世界記録やオリンピック記録を量産したレーザーレーサーは，競泳の本質を失わせた．早く泳げるか否かが，人の能力ではなく，この水着が合うか合わないかで決まるのは，興醒めである．

1.2.2 便利な近未来に向けて

前項で考えた例を見ると，浅薄に省力化を便利と呼び，それを追求するだけではいけないと思われる．本節では，近年のシステムデザインの動向に照らしてみる．

第 3 次 AI ブームの到来によって，様々な分野で便利な AI のアプリケー

ションが開発された．世界中で量産される玉石混交の論文をすべて読破することなど不可能になった時世において，AIが黙々と読んで知識を集積してくれるアプリケーションなどは，本当に便利である．

一方で，手段を目的と履き違えてはいけないという議論を起こす格好の題材も知られる．大学入試の合格を目指すのは，AIの技術を結集するという目的のための手段でしかないはずだ．また，プロ棋士に勝つことを目指すのは，AIの能力を測るという目的のための手段でしかない．しかしこれは，使い方を誤れば本末転倒な（すなわち勝つことを目的とした）事態が発生しうる．自分の頭を使わずに済ませる便利なシステムとして使っては，入試や囲碁の意味がなくなる．

車の運転が好きで，自動車メーカーに就職した学生がいた．ところが彼が配属されたのは，自動運転装置を開発する部署であった．確かに，自動運転技術がQOLを向上させる場面を想定することはできる．しかし一方で，自動と手動を混在させることは事故発生要因になりうるとも予測されている．その場合，手動の方が禁じられる可能性もある．自動運転システムは便利ではあるが，人間不在が本質を失わせるような対象の自動化は，問題を生む温床となる．

1.3 不便益を知る

一般に，不便と益は相容れないと思われる．この場合，不便の反対を便利，益の反対を害と呼ぶと，便利には益が，不便には害が対応づけられる．

しかし前節で述べたように，便利指向が必ずしも益をもたらさないばかりか，害悪になる場合がある．すなわち，便利-不便と益-害は独立である．この場合，以下に示すように4つの象限を考えることができる．

表 1.1 便利と不便，益と害の4象限

不便益	便利益
不便害	便利害

2つの軸が独立であることを見逃していると，右上と左下の2つの象限しか見ていなかったことになる．本節では，同表左上に位置する「不便だからこその益」がある事例を収集する．それらは，同表右下に位置する「便利が生む弊害」と表裏一体の場合が多い．

1.3.1 不便益事例のカテゴリ

　システムデザインに直結するか否かの判断は後回しにし，まずは不便益と解釈できることだけを条件にして，事例を収集する．

　ただし，「不便で良かった」という事例を収集すると，その中には以下に挙げる3つのカテゴリーに分類される物事も含まれる．その場合は，不便益事例に含めない．

懐古主義的な造形

　現在ではささいなこととして無視される，あるいは現在では生起せずにその存在さえ知られていない事象に，不便益が埋もれている場合がある．その時には，表面的には単なる懐古主義的な言明に聞こえたとしても，そこから不便益を発掘できる場合もある．しかし，それは「システムの使用を通じたユーザとの関係」に着目するものであるべきで，美術的な造形とは異なる．

他人の不便が自分の益

　他人に迷惑（不便）をかけて自分が益することは，不便益ではない．たとえば，複雑な料金体系にしてユーザを惑わし，全ユーザが最適な契約をした時よりも利益が上がるという事象は，不便益事例から除外する．

不便に対する妥協

　"不便ならでは"が不便益の条件である．すなわち，不便益は不便への妥協ではない．セキュリティのために仕方なくパスワードを入力するのは不便益ではない．他にセキュリティを高める方策があれば，パスワードは不要である．キー入力という労力をかけてこその益が望まれる．

　これらを除外すると，不便だからこその効用が得られる事例が残る．本節では，それらに認められる効用をまとめる．なお，図1.2に示すのは，本節で取り上げる不便益間の寄与関係である．同図中，有向アークは益が他の益に寄与することを表し，破線の双方向アークは互いに寄与し合うことを表す．

　また，◇は様相論理の記号であり，「可能にする」あるいは「許可する」という意味で用いる．特に人と人工物（システム）との関係という文脈の下では，たとえば「◇工夫」は「（人が）工夫することができる」，「（人が）

工夫することを（システムが）許している」，あるいは「（システムの操作には）工夫の余地がある」と読む．

1.3.2　モノの不便益事例

「不便だから良かったことはないですか」と問うと，まずはキョトンとされる．しかし，いくつかの例を示してしばらくすると，思い思いの不便益が皆の口からこぼれる．ほとんどの人がそれぞれに不便益事例を持っているようである．以下では，このようにして収集した不便益事例のいくつかをピックアップして「不便」と「益」の関係をまとめる．

車の変速機

乗用車の変速機をオートマ (AT) とマニュアル (MT) に大別すると，日本ではほとんどの新車は AT であると言われる．しかし欧州では，「彼女にフられた理由が，持っている車が AT だったから」という小話が普通に通用する．そのような文化なので，AT の普及率は日本よりずっと低い．近年は日本でも，やみくもに AT ではなく，MT が選ばれることがしだいに増えているとのことである．

1.1 節で定めた浅薄な不便の定義によれば，操作という手間と認知リソースの消費（変速を意識下に置かねばならない）という意味では，AT よりもMT が不便である．それなのに不便な方が選ばれるのは，益があるためである．

まずは比較的難しい操作に習熟していることが，自己肯定感を醸成する．この習熟のための因果関係をたどってゆくと，当たり前のことではあるが，システム側が運転者の習熟を許容している（◇習熟）必要がある．便利なシステムは習熟の必要がないか，あるいは習熟を許さない場合が多い．AT でも習熟の余地はあるが，通常の運転では MT の比ではない．

そしてその習熟に多様性があれば，自分ならではの独自の運転を編み出せる可能性がある．このことを，ノーマンの言葉 [4] を借りてパーソナライゼーションと呼ぶ．

再び因果関係をたどってみると，習熟のためには対象系（この場合，動力伝達系）を理解している必要があり，そのためには MT は対象系理解を許容する（◇対象系理解）必要がある．図 1.2 の右下部分に，ここまでの因果関係が含まれている．

1.3 不便益を知る　　7

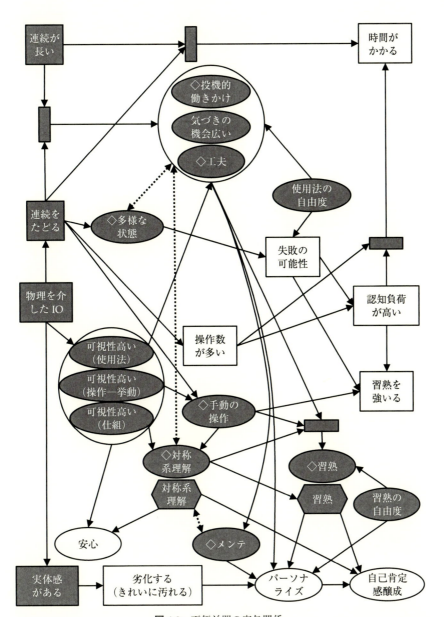

図 1.2 不便益間の寄与関係．
矩形ノードはシステムがもたらす現象を表し，特に白い矩形ノードは不便と呼ばれる現象を表す．楕円のノードは「益」を表し，特に白い楕円ノードはユーザが主観的に感じる「益」を表す．矩形でラベルが付いていない小さなノードは AND 結合を表す．すなわち，入力アークの先がすべて成立すれば出力アーク先が成立する．

また，対象系を理解していることは，自分なりの運転を試してみることを可能にし（◇投機的働きかけ，◇工夫），それがポジティブフィードバック的に対象系理解を促進させる．このことは，図1.2では破線の双方向矢印で表している．

車のリモートドアロック

不便で良かったことの事例を集め始めたころの話であるが，学生が持っている中古車の鍵はまだ「挿してネジる式」であった．ある学生が，彼女とのドライブに父親の新車を借りて出かけ，車を降りて鍵を閉める時に（最新のリモコン式であることを誇示するために）敢えて離れたところからロックした時の話である．確かにハザードランプの点滅でリモコンからの信号を受信したことが知らされる．しかし可能性として，受信機からの制御がロックとハザードランプに並列だったら，点滅してもロックされていない場合もありうる．その可能性に気づいてしまった当該学生[2]は，再び車に近づいてロックがかかっていることをノブをガチャガチャとさせて確認したとのことである．

[2] しかも工学部機械系であった．

運転席側のドアに近づき，鍵を挿してネジるというのは，確かにリモコン式より手間であるし，細い鍵穴にカギを挿し込むというのは実はスキルが必要なことである．しかしそのささいな不便によって，ネジった腕にかかる反作用が機械仕掛けが作動したことを知らせた．近くに居るから聞こえる各ドアからのロックの動作音が，ユーザを安心させていた．そしてなにより，その安心を保証するのがハザードランプの点滅という「デザイナとの約束」ではなく，物理に立脚した現象（作用-反作用，動作音）であった．

このことは，図1.2では左下部分の「物理を介したIO（入出力）」から「可視性高い」を経て「安心」に至る系列で示している．

電子辞書

ここまでは工業製品の事例であった．しかし不便益は，日用品にも至る所で観察することができる．

たとえば辞書を，紙媒体のものと電子辞書（ウェブページも含む）に大別すると，目的の単語の意味を知るというタスクにおいて電子辞書が便利である．しかし，学習の時には紙媒体の方が良いという人が多い[3]．

この時の益を聞き出すと，一つには所望の単語以外の単語が目に入ること

[3] さらに「私にとって辞書は読み物」と言う人さえいて，その人にとっては紙媒体が不可欠と言う．

であった．所望の単語に一足飛びには行けず連続をたどらねばならないという不便は，メインタスク（単語の意味調べ）にとっては時間がかかることになる．しかし一方でこの不便は，関連単語や過去にアンダーラインを引いた単語などへの「気づきの機会」を広げ，当初目的とは異なる単語に注視を削ぐという投機的働きかけを許している．

　さらに，想定された目的以外に使う方法を創発させるのも，不便の効用である．たとえば，高校生の時に辞書早引き競争がブームだったという者がいた．この競争はもはや，単語の意味を知るという本来の辞書使用法から外れている．しかし，この競争は連続をたどる式だからこそであり，電子辞書ならば単なるキータイプ競争でしかなくなる．

　これらのことは，図1.2では左上部分の「連続が長い」と「連続をたどる」が合流して「◇投機的働きかけ，気づきの機会広い，◇工夫」に至る経路で示している．

1.3.3　コトの不便益事例

　前項では，不便なモノを取り上げ，その益について述べた．「不便なモノ」といえばイメージが湧きやすいが，実は「不便なコト」もあり，それにも不便ならではの益が観察される．

自転車通学

　バイクが壊れたために自転車で通学してきた学生がいた．バイクよりも時間がかかり，身体的負荷も高いという意味では不便である．しかし，バイクでは見過ごしていた定食屋にフラっと入ってみたら，今ではお気に入りの一つになったとのことである．

　ここで不便は，定食屋に気づく機会を広げ，フラッと入るという投機的働きかけを許している．便利なバイクならば，早く移動するという目的が支配的になるため，わざわざバイクを降りて定食屋に入ってみるという行動を誘引し難い．これもまた，通学路という連続をたどらねば得られない益である．

　ここに，コト（通学方法）とモノ（電子辞書）の区別を超えた共通項が認められる．図1.2でも左上に示す電子辞書関連部分と同じ部分で自転車通学の不便益を説明している．

ロビーの TV

　安宿を渡り歩いて欧州旅行をしていた学生から聞いた話である．そのような宿には，国内のビジネスホテルに当然備わる便利の一つ，各部屋に自由に個人で観れる TV などはない．大抵は，ロビーにあるテレビを宿泊客がシェアする．これは不便ではある．しかしある時，慣れない英語でのチャネル争いに勝ってサッカー日本代表のワールドカップ戦を見ることができた．その時に隣の席で一緒に見ていた人が日本の対戦相手国の出身とのことで，おおいに盛り上がり，互いに帰国した今でもメールをやり取りする友人になったとのことである．

　一般に不便であることは，可能性を減じるネガティブファクターと見られる場合が多いが，この例では逆に出会いの可能性を与えている．

1.3.4　主体性とモチベーションに関連する不便益

　図 1.2 が不便と益の関係を網羅しているわけではない．同図に書き込めなかった不便益の中でも特に，本項は主体性とモチベーションに関わる事例を見ていく．

園庭

　園庭をデコボコにして園児を転ばせようと目論む幼稚園の園長がいる [5]．

　園児達にとって，園庭の特定の場所に効率的に移動することが目的ならば，この庭は不便である．園庭は平らな方が便利である．しかし，園児らの本当の目的は遊ぶことである．その場合，効率的な移動などは意味がない．平坦なら，かけっこをするにもトラブルが少なく，足の速い子が順当に勝つ．しかしデコボコならば，工夫のしようによって，経路の選び方によって，結果が異なる．また，平坦では思いつかない遊びも発想される．

　園庭をデコボコにした方が園児が活き活きする理由として，工夫の余地があることが挙げられる．そしてその工夫は，もちろん指示されたものではなく，園児達の主体的な活動である．すなわち，移動の不便は，園児達の主体的活動を引き出している．

技言語

　わかりにくいということも，不便なことの一つである．解釈が一意に定まらないことは，情報伝達という意味では効率が悪く，忌避されるべきであ

る．

　しかし，舞妓さんは「舞い散る雪を受け止めるように」扇子を動かすように教わる．わかりやすく具体的な方法を採用するならば，たとえば扇子の動かし方は定量的に各関節の初期位置と時系列の角速度パターンで記述することもできる．しかし，師匠と身体のサイズや能力が異なる弟子に，この定量的な情報を伝えても意味はない．伝えるべき内容は，定量的情報では記述できないレベルにある．その場合，認知リソースを消費するという意味では不便な，「技言語」が使われる．

　この場合，わかりにくいことは人が**主体的**に解釈する余地を与えてくれる．そして，その人の経験に根ざした，すなわち過去に見た「舞い散る雪」のイメージに即した，そして自分の身体サイズに適した，新たな動きが形成される．これを連綿と引き継ぐことによって，文化が時代を映しながら育っていく．

　同様に，バイオリニストは「湯葉を掬い上げるように」弓を引くように教わる．これらに共通するのは，情報の発信者と受信者が相互に了解することが，「伝わる」の内実になっていることである[4]．

[4] 逆に学術論文や説明書は，受信者だけが了解するだけでは不十分であり，いかなる第三者にとっても解釈が一意に定まらねばならない．

バリアアリー

　日常生活からバリアを無くすというバリアフリーはよく聞く言葉であるが，これは便利を指向する．移動にかかわる障害を無くせば，移動のための労力は少なくて済むので便利である．

　一方，バリアフリーの逆で「バリアアリー」という考えがある[6]．この考えを実践している「夢のみずうみ村」が運営するディケアセンターでは，段差・坂・階段などの日常的でちょっとしたバリアがあえて施設内に配置されている．やみくもにバリアフリーを導入すると，身体能力が衰えることが報告されている．一方でバリアアリーは，日常生活がそのまま身体の衰えを防ぐ実践となる．

　また，移動に関するバリアに限らず，他の活動においてもちょっとしたバリアが同様の効果を上げる．食事のメニューを自分で決めること，自ら皿に盛りお茶を注ぐことなども，重視される．さらには，バリアアリーと同様に施設内にちょっとしたバリアが敷設されているグループホームでは，生活能力低下の緩和だけでなく，認知症の周辺症状発生の緩和にも効果があるとの報告もある[7]．

表 1.2 不便と益の客観と主観

	不便	益
主観的	不便	益
客観的	労力	機能

足こぎ車椅子

新たな車椅子をデザインせよと言われれば，通常の工学的なセンスでは，衝突自動回避装置をつける，あるいは動力アシストをつけるという，高機能化や高効率化，あるいは省力化の方向で利用者をより楽にするアイデアを思いつく．これに対して，足こぎ車椅子COGY[5]は，ユーザに自分の足でこぐという労力を要求する．

[5] http://www.ashikogi-kurumaisu.com

利用者は，楽ではない．しかし，自分の力で移動することによって自己肯定感が醸成される．車椅子は足が動かない人のためのものと思い込みがちであるが，実は片足だけが動かない，あるいは力が弱まってバランスがとれない人もユーザである．両足をペダルに固定するため，動く方の足でこぐと元々は動かない足も受動的に動くことによるリハビリ効果も確認されている．

1.4 不便益を考える

1.4.1 アナリシス（認定条件）

不便益をユーザに与えることを可能にするシステムを不便益システムと呼ぶことにする．先に 1.3.1 項の冒頭で，不便益の事例に含めない 3 つのカテゴリーを示した．その内の 2 つを裏返せば，それらは不便益システムであるための必要条件となり，以下のように言い直すことができる．

- 益も不便も，あなたのですか？
- 益は，不便だからこそですか？

あなたに迷惑（不便）をかけて私が得をする，というのは最悪である．また，不便にしなくても得られる益ならば，人は一般に易きに流れる．

また，表 1.2 に示すように，不便を主観と客観，益も主観と客観に分類整理することによって，不便益に {主観・客観} × {不便・益} の四つ組を設定することができる．次項からは，それらを「不便益システムであることの確認項目」としてまとめる．

1.4.2 不便の客観性と主観性

便利／不便は個別的である．人に依存し，状況に依存する．しかし，人をマスとして，集団として扱わざるを得ない場合，一般性が求められる．本質的に一般性がないものを一般的に定義することが求められるのであるから，無理が生じる．そのため，一般大衆をユーザと想定するモノゴトをデザインする時には，本来の（個別の）便利ではなく，客観的に測ることができる「省労力」を「便利」に読み換えるのであろう．

客観的不便（労力）

あえて不便に客観性を与える時，人が不便を感じる時に発生している客観的現象である「労力」を導入する．すなわち，1.1 節に示したように物理的には「手間がかかること」あるいは心理的には「認知リソースを割くこと」を不便とする．

厳密には，便利や不便を考える時には，目的とするタスクが必要である．また，便利や不便はせいぜい半順序尺度であり，間隔尺度や比例尺度のような定量化はできない．すなわち，特定の事象に「不便度○○」との数値を与えることはできない．

このことを踏まえて，「特定のタスク達成に省労力である事態」を便利と呼び，「比較的便利でない状態」を客観的な不便とする．不便益システムには，客観的不便が必要である．

主観的不便

不便であると感じることは本来主観である．より便利な道具や方式があることを本人が知らない場合，知っている第三者から見れば（客観的には）不便と思われる道具や方式を採用している状況であっても，本人の主観としては「不便」と感じないのは自明である．

さらには，たとえ（客観的には）便利な道具や方式を本人が知っていても，不便と思わずに手間や認知リソースを割く道具や方式を採用することがある．たとえば車の変速機として AT（オートマ）を知っているにもかかわらず，MT（マニュアル）を不便とも思わずに車を運転している人もいる．

これらの場合，客観的不便は認められるものの，主観的不便は「なし」となる．不便益システムには主観的不便が認められることが望ましいが，その限りではない．

1.4.3 益の客観性と主観性

次に，不便がもたらす益の客観性と主観性について考える．

便利な道具は，一般には「誰でも同じように」使えることが指向され，ユーザが使用法に習熟する必要はない．便利なワンプッシュボタンは，押し方に工夫を挟み込む余地はない．一方で，不便な道具は，ユーザが使用法に習熟する（しだいに使いこなせるようになる）ことを許すことが多い．しかし，許されたからといってユーザが習熟するとは限らないし，許される状態を「益」と感じるかどうかも属人性が高い．

ここで，「システムが許している」ことは客観であるが，それに益を感じるかは主観であることに注目する．不便がもたらす客観的な益は一般に，「許す」あるいは「可能にする」という，システム側が提供する**機能**として捉えることができる．これを，図 1.2 では様相論理の記号である◇を用いて表した．以下では，主観的な益と◇のついた客観的な益に分類する．

客観的益（機能）

システムがユーザに，手間をかけることや頭を使うことを求める，すなわち客観的に不便な場合，システムは以下に示す機能を持つ場合が多い．

◇**能動的な工夫**　AT に対する MT，紙の辞書，自転車通学，デコボコ園庭などの例に観察される．

◇**気づきや出会い**　電子辞書に対する紙の辞書，バイクに対する自転車通学，ロビーにしかない TV などの例に観察される．

◇**対象系理解**　MT，車のドアの鍵などの例に観察される．

◇**（飽和しない）習熟**　MT での運転や紙の辞書での早引競争などの例に観察される．

◇**主体性**　バリアアリーや足こぎ車椅子などの例に観察される．

◇**スキル低下防止**　バリアアリーや足こぎ車椅子などの例に観察される．

主観的益

上記でまとめたシステム側提供の客観的機能をユーザが主観的に「益」とみなす場合，およそ以下のように分類される．

- 動機づけ（モチベーション）
- 安心感
- 自己肯定感

- パーソナライゼーション
- 嬉しさ

1.5 不便益を活かす

不便益をユーザに与えることを可能にするシステムを「不便益システム」と呼ぶ．前節では，不便益システムの認定条件（アナリシス）について述べた．ここでは逆に，新たな不便益システムを発想（シンセシス）する方法を考えてみる．

1.5.1 シンセシス

表面的に不便であるからという理由で安易に考察対象から外すことは，その不便の先にある効用を見逃すだけでなく，発想の妨げにもなる．このことは，発散＋収束という二段階での発想支援法では暗に前提とされていることであろう．前半の発散段階では質より量が求められ，「不便だから」を含めて批判はご法度である．この場合，不便は消極的に受け入れられていると見ることができる．本節ではさらに，積極的かつ明示的に「不便にする」ことを発想の鍵とする．

図 1.3 に，表 1.1 に示した 4 象限を再掲する．不便だからこその益がある新しい物事を発想する方法を，以下ではこの 4 象限になぞらえて分類する．

1.5.2 問題解決型発想法

工学の王道は，まず問題を見極め，次にそれを解決するというスタイルを採る[6]．不便益システムを発想する場合も，このスタイルを使うことができる．すなわち，図 1.3 の右下にある便利害（という問題）を見つけ，それを不便にすることによって解決する．観念的には，図 1.3 の右下から左上にシフトさせるものである．このスタイルを問題解決型と呼ぶ．

便利害を見つけることは，不便の**客観的益**がサポートする．すなわち，便利だがユーザに工夫させない，習熟の余地がない，対象系が理解できない，主体性が持てない，など，客観的益が得られていないかをチェックすることが，便利害を見つける一つの方策である．

たとえば，ナビゲーションシステム（以下，ナビ）を例に考える．ナビが便利であるゆえんは，正確で詳細な情報を提示することである．しかしその

[6] 後付けのこともある．シーズありきの場合もある．しかしその場合も「これで○○が解決した」と言わねばならない．

16　第1章　不便益システムデザイン

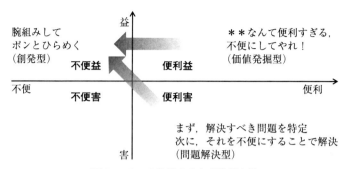

図1.3　4つの象限をまたぐ発想方法

図1.4　かすれるナビのスクリーンショット

ために，ユーザはナビの指示通り移動すればよく，主体的に環境から情報を得て街（対象系）を理解する必要はない．そこで，ナビを使うと道を覚えない，楽しい街歩きのはずが目的地への移動に成り下がった，などの便利害が発生する．

この問題を解決するために，便利の要点を欠かせ，通過した道を少しずつかすれて見えにくくさせる「かすれるナビ」が発想される．図1.4に示すのは，かすれるナビのインタフェースである．同じ道を3回も通ると，その道と周囲はほぼ見えなくなる．

かすれるか否かだけが違う2種類の歩行者用ナビを作成し，それらを使って何人かの人に街歩きをしてもらった．その後にいくつかの風景写真を見せ，通過した道の風景ならyes，ダミーの風景ならnoと答える実験を実施した．その結果，かすれる方のナビを利用した実験参加者の方が，有意に正

図 1.5　素数ものさし

解率が高かった．

1.5.3　価値発掘型発想法

　工学の王道にとらわれることなく発想する方法として，価値発掘型がある．図 1.3 の右上に示すのは，便利であり益もある，何も問題のない状態である．この状態にあるものを敢えて不便にすることによって，その結果から新たな価値を発掘できる場合がある．観念的には，図 1.3 の右上から左上にシフトさせるものである．

　不便にする方策は，**客観的不便**がサポートする．すなわち，手間がかかるか，頭を使わねばならぬようにする．これによって，

システム側　かわる（変わる），痕が残る

ユーザ側　わかる（分かる），習熟する

という効果を得ることが望ましい[7]．

[7] 望ましいが，その限りではない．先に述べた「客観的な益」から得られるものは，他にもある．

　たとえば，ものさしを例に考える．現状のものさしに不満はないが，とりあえず不便にしてみる．不便にする方策としては，使用時に頭を使わねばならなくする．それを具体化する方策として，目盛りを歯抜けにして素数だけにするというアイデアが発想された．図 1.5 に示すのは，京都大学のオリジナルグッズの 1 つである「素数ものさし」である．

　1 cm を測るには 2 と 3 の間，4 cm を測るには 3 と 7 の間，6 cm を測るには 5 と 11 の間と，目盛りが明記されていない長さを測るには簡単な引き算が必要になる．これにより，長さを測るというタスクが，単純に端を合わせて目盛りを読むだけの機械的な作業ではなく，主体的に（引き算をするという形で）関わらねばならないタスクになった．

　さらには，目盛りが明記されている長さであっても，2 cm を測るには 5 と 3 の間，3 cm は 5 と 2 の間というように，1 回の引き算を使って測ることができる．これにより，"もしかしてすべての自然数は素数の差なのではないか"という仮説がすぐに頭をよぎり，それを確認したくなるよう動機づけられる．

1.5.4　創発型発想法

　問題解決型とも価値発掘型とも異なるスタイルとして，創発型がある．不便益の事例を頭に叩き込み，そのエッセンスを言語化せずに自分の意識下に置き，腕組みしながら思いつくままにアイデアを量産する方法である．

　もっともシステマティックではないため，熟練が求められる．プロのデザイナが 100 本ノックと呼ぶ方法である．このような思考過程では，蓄積した知識やそれを柔軟に変化させる能力が重要であり，アナロジーが多用される．先に述べたように，エッセンスを言語化するのを待たない方式である．それゆえ，発案された時はアナロジーであることが意識されず，事後的に説明される場合が多い．

　たとえば，スマホのロック解除方式を考えてみる．一人で腕組みをするのではなく，数人を集めて対戦形式のブレストであるブレストバトル（第 4 章参照）を実施したところ，ジェスチャーで解除するロックというアイデアが発案された．スマホのロックを解除するためには，あらかじめ登録しておいたジェスチャーとほぼ同じ動きでスマホを振らねばならない．適当なジェスチャーを登録してしまうと，ほぼロック解除が不可能であるという，不便な方式である．私は一度，仮面ライダーの変身ポーズを登録してみたが，まったく使えなかった．

　登録するのは，体に染み付いたジェスチャーである必要がある．卓球部の者なら自分のスマッシュの振り，剣道部の者ならコテ・メンの動きを登録すれば，自分だけは（しらふの場合）ほぼ確実に解除できる．しかし他人は，ジェスチャーを完璧にコピーしても，身体の寸法や能力が少しでも違えば，解除は不可能である．

　後付け的に分析すると，この発想は同じく「認証」という部類に入る「印鑑と花押」とのアナロジーと考えることができる．印鑑の意義は，印影と同じか否か，すなわち正誤というディジタルである．これは，表示された 9 つの円をたどるという標準的なロック解除に対応する．すなわち，有限個の解空間の内の 1 つが正解であり他は誤りというディジタルである．一方，サインや花押も認証に使われるが，これはアナログであり解空間は無限である．そして，ジェスチャーも，無限に存在する．

印鑑	花押
正誤（ディジタル）	アナログ
有限解空間	無限解空間
標準的ロック解除	ジェスチャーロック解除

1.6 まとめ

　無批判な便利追求とは異なる方向の一つとして，不便の効用を活用する方向を示し，その方向におけるシステムデザインについて議論した．そこではもちろん，ただ不便にすれば良いと主張しているのではない．どのような不便がどのような益を生むのかを整理した．さらに，その結果を取り込んでアイディエーションに活用する3つの方策を示した．

　さてこの後は，その方法論が効果的であるデザイン領域を明確にすることが望ましい．本書の各章では，それぞれの領域において不便の益を活かすデザイン活動がまとめられている．これは，不便益全体を俯瞰し，効果的な適用領域をイメージする一助となる．

第 1 章　関連図書

[1] 川上浩司，『不便から生まれるデザイン-工学に活かす常識を超えた発想-』，化学同人，2011．

[2] 川上浩司，不便の効用に着目したシステムデザインに向けて，『ヒューマンインタフェース学会論文誌』，11(1), pp.125-134, 2009．

[3] 川上浩司，『ごめんなさい、もしあなたがちょっとでも 行き詰まりを感じているなら、不便をとり入れてみてはどうですか？』，インプレス，2017．

[4] ドナルド A. ノーマン，『エモーショナル・デザイン』，新曜社，2004．

[5] 加藤積一，『ふじようちえんのひみつ』小学館，2016．

[6] 藤原茂，『強くなくていい「弱くない生き方」をすればいい』，東洋経済新報社，2010．

[7] 釈徹宗，『お世話され上手』，ミシマ社，2016．

第2章
自動車の運転支援

　車がこの世に誕生して百年以上が経つ．パワーウインドウ，自動変速機，パワーステアリング，横滑り防止装置，自動ブレーキ，ACC，レーンキープアシストなど，ドライバの負荷を軽減したり，操作を代替したりする機能が次々と生み出されてきたことで，車の運転は楽（ラク）になってきた．そして，この技術革新の行き着く先の一つに自動運転がある．しかし，現在の街を走っている車がすべてドライバ不要の完全自動運転車になる時代は来るのだろうか？　人間はエラーを起こすが，機械も完全ではない．しかも，機械の動作を完全なるものに近づけようとするとばく大なコストがかかる．この前提を踏まえると，ドライバに対して試行錯誤して運転技能を向上するように促すことで，安全を確保するだけでなく，運転そのものに対する楽しみを付与するような不便益的な運転支援システムがリーズナブルかつ合理的な解の一つではないかと考えられる．

2.1 自動車における便利と不便，益と害

　自動車が普及する以前は，任意の A 地点から任意の B 地点までの移動は，徒歩，馬車，自転車などを用いていたが，それらと比べると自動車による移動は速度が大幅に向上しており，移動時間の短縮という観点から見ると，ユーザは**客観的な益**を得ていることになる．すなわち，徒歩と比較すると，身体的な労力が減少する（=**客観的な省労力**=**便利**）だけでなく，早く目的地に着くことができるという客観的な益が得られ，その結果として，ありがたさや嬉しさ（=**主観的な益**）も感じるという意味で，自動車は**便利益**なシステムとみなすことができよう．その一方で，歩かなくなることによる体力低下や，高速で移動することによって街の風景が記憶に残りにくいといった**便利害**な側面も併せ持つ．何よりも，自動車の普及に伴って，交通事故が発生し，負傷・死亡する人を生み続けているという悲しい現実があるが，これこそが自動車にとって一番の便利害と言っても過言ではない．その他にも，排気ガスによる環境汚染，渋滞による時間損失などが挙げられる．

　これらの便利害に対する解決策として，より安全で，より環境に優しい自動車を実現するような技術開発が盛んに行われており，特に自動運転技術に代表されるような，ドライバ自身の創意工夫を必要とせずにシステム側だけで対応する技術に対する期待は高い．このようなシステムでは，ドライバは特段何もしなくても所望の目的をおおむね達成することができるが，1) そのような"便利"なシステムを手に入れたドライバは運転行動を悪い方に変えてしまう恐れがある，2) コストやセンサ性能などの制約から，システムがどのような状況においても正しく性能を発揮することは保証できないために，ドライバがシステムに依存してしまった場合には新たな事故が生じうる，などの問題がある．

　そこで本章では，システム側が自動的に対応することで自動車の「害」な部分を解決するアプローチではなく，ドライバに対して，一定程度の「手間（=不便）」をかけさせることで解決する（=客観的益を得たうえで主観的益も得る）**不便益**的な運転支援システムを中心に紹介する．

2.2 運転支援システムの分類

2.2.1 運転行動における3つの過程

ドライバが交通の流れに乗って自動車を運転する時には，認知－判断－操作という一連の処理を行う．"To err is human.（過つは人の常）"といわれるように，人はエラーを起こす存在であり，事故原因の多くはこれら3過程において生じるヒューマンエラーである．したがって，それぞれの過程に適した支援を行い，エラーを抑止することで交通事故を削減することが期待できる．

認知支援の一例として，可変配光前照灯システム (AFS: Adaptive Frontlighting System) や夜間時視覚支援システム (NVES: Night Vision Enhancement System) などの夜間運転時の視覚支援システムがある．これらは，夜間走行時にドライバからは見えにくい歩行者や他車両などを可視化する技術であり，ドライバの手間とは関係なしに認知機能を拡張するという点で有用である．

判断支援には，前方障害物との衝突危険性が高まったときに警報を鳴らす前方障害物衝突防止警報システム (FCWS: Forward Collision Warning System) や，車線逸脱時に警報が鳴る車線逸脱警報システム (LDWS: Lane Departure Warning System) などがある．

操作支援は判断支援に続いて生じるフェーズである．FCWS の警報が鳴ったにもかかわらずドライバが適切な減速行為を行わず，システムが衝突不可避と判断した場合に自動ブレーキを作動させて，衝突回避または衝突被害の軽減を図る衝突被害軽減ブレーキ (AEBS: Advanced Emergency Braking System) や，LDWS の警報が鳴っても車線中央に復帰するようなハンドル操作を行わない場合に，操舵輪を動かすか，制駆動力を配分することによって，車線中央に復帰するように制御する車線逸脱防止支援システム (LKAS: Lane Keeping Assist System) などが代表例であり，すでに多くの車種で実装されている．また，事故削減のための運転支援ではなく，ドライバの負担軽減を主目的とした操作支援技術として，先行車との車間と自車両の車速を制御して，先行車に自動で追従する ACC (Adaptive Cruise Control system) がある．

2.2.2　2種類の運転支援システム

運転支援システムは様々な視点から分類できる．本節では，システムとドライバの関わり合いに基づいて，直接型運転支援システムと間接型運転支援システムに分類する．

直接型運転支援システム

判断支援や操作支援のように，システムが独自の基準に基づいて状況を判断し，その結果を警報や警告表示によってドライバに提示し，さらには操作介入するシステムを**直接型運転支援システム (D-DAS: Direct Driver-Assistance System)** と呼ぶ．このシステムは，ドライバ自身の操作だけでは危険回避が困難であるような，緊迫した状況において被害を最小限に抑える場合や，運転に不慣れな初心者や運転能力が低下した高齢者などが運転する場合に有効な，一種のフールプルーフ (fool proof) 機構である．

たとえば，大型貨物自動車に衝突被害軽減ブレーキを装備して衝突速度を 20 [km/h] 低減することで乗員の死亡者数を約 9 割減らせるという試算がある [1]．また，路車間通信などの技術を使うことで，市街地の特定範囲内で最高速度を自動的に制限する ISA (Intelligent Speed Adaptation) [2] も直接型運転支援システムの一つである．

直接型運転支援システムは，ドライバの判断や操作を補助・代替するという意味でドライバの手間を減らすことになり，システムを搭載していない一般的な自動車と比較すると，"便利"である．しかしながら，直接型支援システムの便利さゆえに，システムに対して依存や過信が生じてしまう恐れがあり，システムが対応できないような状況において，かえって危険な事態を招きかねないが，これは便利害に相当することになる．また，このような便利なシステムがあることで，ドライバ自身による判断や操作がおろそかになり，結果としてスキル低下を招きうる．これも直接型運転支援システムによる便利害の一つと言えよう．

間接型運転支援システム

直接型運転支援システムが内包する問題点を回避するためには，システム側の判断が含まれない情報提供のみを行い，その情報を受け取ったドライバが自身で判断を行い，安全な行動を取るように促されるといった運転支援が考えられる．これを**間接型運転支援システム (I-DAS: Indirect Driver-**

Assistance System) と呼ぶ．このシステムは直接型運転支援システムと比較すると，認知的にも身体的にも手間がかかるという意味で相対的に不便である．一方で，ドライバが提供された情報を手がかりにして試行錯誤することを許容する．さらに，より優れた運転技能を習得することで自己肯定感や楽しさといった主観的な益を得られることから，システムに対するドライバの利用動機づけを高めることが期待される．したがって，ドライバに対して能動的な判断・操作をさせる余地が少ない直接型運転支援システムに比べると，間接型運転支援システムは不便益的となる．

認知，判断，操作それぞれのエラーの比率はおおよそ 10：2：1 であるという報告 [3] からも，認知支援を行う間接型運転支援システムの効果は十分に期待できる．ただし，間接型運転支援システムは情報提供のみを行うものであり，すべてのドライバに対して安全な運転行動を促すことを保証するものではない．したがって，危険事象に対する時間的余裕がない逼迫した状況では，直接型運転支援システムによって操作介入することが危険回避や被害軽減には有効であり，間接型運転支援システムは，危険事象に対する時間的余裕が比較的にあるような状況で，それ以上危険にならないために有効である，というすみ分けに留意しなければならない．

2.2.3 自動運転レベルと運転支援

ACC, AEBS, LKAS といった加速，減速，操舵に対応する操作支援は，自動運転の要素技術としても重要な役割を果たしており，特定の一つの操作のみを自動化するものを NHTSA（アメリカ運輸省道路交通安全局）が定めるところのレベル 1 の自動運転（**運転補助，Driver Assistance**），複数の操作を自動化するものをレベル 2 の自動運転（**部分的自動化，Partial Automation**）と呼ぶ．これらの機能を搭載した車を「自動運転機能搭載」と謳って宣伝していることがあるが，これらはあくまでも運転支援に過ぎない．ユーザが「自動運転」という単語から連想するような，ドライバが操作に関与できないレベル 4（**高次の自動化，High Automation**）やレベル 5（**完全自動運転，Full Automation**）とは異なる点に注意しなければならない．

レベル 1 からレベル 3（**条件付き自動化，Conditional Automation**）の自動運転システムでは，システムが機能限界や機能不全に陥った際などには，安全を確保するためにドライバが手動操作を行わなければならない．すなわち，事故発生時には原則としてドライバ側に責任が生じる．しかし，シ

ステムの作動状況を監視しなければならないというタスクは認知的負担が大きい．特に，レベル3の自動運転ではシステム作動時にドライバは何も操作をしなくてよいために，むしろ作動状況の監視がおろそかになりやすい．そのような状態では，自動運転から手動運転への切替えが円滑に行われない恐れがある．つまり，加速・減速・操舵といった操作をシステムが代替するという意味では，ドライバの手間は減る（＝便利）が，上述のような問題点が生じうる（＝害）ことと併わせて考えると，レベル3以下の自動運転システムは，便利害になりかねない．

2.3 ドライバの心理に関する理論

間接型運転支援システムを使うドライバは，提供された情報に基づいて自分自身の判断で行動する．同じ内容の情報であっても，情報提示の仕方を工夫することで，ドライバが受けとる印象が変わって，そこから誘発される運転行動も大きく変容しうることは想像に難くない．そこで本節では，ドライバの心理に関する話題として，リスクホメオスタシス理論とドライバの動機づけに関する理論について述べる．

2.3.1 リスクホメオスタシス理論

運転支援システムの1つに横滑り防止装置 (ESC: Electronic Stability Control) があり，約30%の交通事故を低減できると言われている [4]．しかし，この値は ESC 搭載車両を運転するドライバの行動が変わらないという前提に基づくものである．

カナダの心理学者ジェラルド・J・S・ワイルドは，運転支援システムの導入によって安全性が向上し，ドライバが知覚するリスク量が低下すると，走行時の車速を上げたり，走行距離を増加させたりするといった負の適応 (negative adaptation) である**リスク補償行動 (risk compensation behavior)** が発現し，結果として安全性が変わらないという**リスクホメオスタシス理論 (RHT: Risk Homeostasis Theory)** を提唱している [5]．この理論によると，人が知覚するリスク量 R_p とその人の内部にある目標リスク水準 R_t を比較し，$R_p > R_t$ ならば安全と感じられるまで慎重な行動を行い，$R_p < R_t$ ならば受容可能なリスク量まで許容して危険と感じるような大胆な行動を行うと考えられている．すなわち，リスク補償行動とは，リスクを最小化するので

はなく，目標リスク水準と一致するように知覚リスク量を最適化することを表す．

自動変速機装着車（AT 車）は，ドライバをクラッチ操作の煩わしさから開放し，その分の認知資源を運転に注ぐことを可能にした．すなわち，手動変速機装着車（MT 車）に比べて，ドライバの身体的労力を省くという意味で，相対的に便利な車と言えよう．

しかしながら，MT 車と AT 車の死傷者事故の事故率を比較すると，正面衝突事故ではほぼ同じだが，それ以外の事故では AT 車は MT 車の約 2 倍の事故率になっている．死亡事故件数で見ると，両者ともほぼ同じ事故率になっていることからも，AT の導入によって運転操作が楽になっても，必ずしも安全になるわけではないことが示唆される [6]．また，交通安全白書によると，自動車の性能が向上しているにもかかわらず，自動車 1 万台当たり・1 億走行キロ当たりの死傷者数はあまり減少していないというデータがある [7]．これらはリスク補償行動の発現を示唆する結果と言えよう．

それでは，リスク補償行動を抑制するためにはどのような対策をしたらいいのだろうか？　ワイルドはリスク補償行動を抑制するためには目標リスク水準を下げる対策が必要であると説いており，1) 安全な行動によって感じられる利益を増やす，2) 安全な行動によって感じられるコストを減らす，3) 危険な行動によって感じられるコストを増やす，4) 危険な行動によって得られる利益を減らす，といった戦術を示している [5]．

2.3.2　内発的動機づけと外発的動機づけ

ワイルドが提唱した目標リスク水準を下げるための戦術は，報酬や罰則などの外的要因によって運転行動を安全側に推移させることを狙ったものであり，**外発的動機づけ**と呼ばれる．外部報酬のみに基づいて行動を持続させるためには，より大きな報酬が必要となり，欲求不満や挫折を引き起こしやすいと言われている [8]．しかし，課題の価値を自己の価値観に内在化させることによって，外発的動機づけも持続性の高い自律的な動機づけになることができる．

これに対して，行動すること自体が目的で，それ以外に報酬を必要としないような状態を**内発的動機づけ**と呼ぶ．内発的動機づけによる行動を通して有能感と自己決定感を感じている人は，さらなる有能感と自己決定感を求め，意欲を燃やし努力する傾向が強い [8]．したがって，内発的動機づけに

より行動が発生し，有能感と自己決定感を得ることができる状況では，行動の持続性は高い．

外発的な動機づけが内在化していく過程は，行動に対して感じている自己決定感の度合いにより，1) 外的調整の段階：「やらされている」から行動している段階，2) 取り入れ的段階：「しなくてはいけない」といった義務的な感覚を伴う段階，3) 同一視的段階：行動の持つ価値の重要さが自己の価値観として認識されて，積極的な理由で行動する段階，4) 統合的段階：自ら「やりたくて」その行動を選択している状態，の4段階に分類される [8]．

以上より，内発的動機づけにより行動が発生し，有能感や自己決定感を常に得ることができる状況，または外発的動機づけにより行動が発生し，高い自己決定感によってその行動の価値が内在化し，統合的段階となる状況では行動の持続性は高い．つまり，間接型運転支援システムは安全運転行動を促すだけでなく，その行為を持続させるように，ドライバに対して有能感や自己決定感を感じさせる仕組み・仕掛けが必須であると言えよう．

2.3.3　達成動機づけ理論

行為者の心理的特性 c と目標を達成できる可能性 p，目標の価値 v によって，目標に対する動機づけ M が決まるという達成動機づけ理論がある [9]．

$$M = c \times p \times v$$

この式において，c の値は，物事に取り組む際に成功による誇りの体験を好む（= 成功願望が強い）場合に正の値 ($c > 0$)，失敗による恥の体験を嫌う（= 失敗恐怖が強い）場合に負の値 ($c < 0$) となる．

簡単に達成できる目標の価値が低く，難しい場合には高いとして，$v = 1 - p$ と仮定すると，上式は次となる．

$$M = c \times p(1 - p)$$

この式が示すように，タスクの成功可能性 p と達成動機づけ M の関係は，行為者の心理特性 c の正負によって，上または下に凸な放物線となる．つまり，成功願望が強い行為者は，タスクの達成可能性が 50% となる場合に最も動機づけが高くなり，失敗恐怖が強い行為者には，誰でもできるタスクか，誰もできないようなタスクの場合に，相対的に動機づけが高くなることになる．

以上より，ドライバの心理特性を何らかの方法によって推定し，その結果に基づいて，ドライバに対して提示するタスクの難易度を適切に設定するこ

とで，間接型運転支援システムに対する利用動機づけが向上すると期待される．

2.3.4 不便益の視点から見た運転支援システム

直接型運転支援システムは，システムが独自の基準に基づいて判断支援，操作支援を行うことで安全を確保したり，省燃費運転を実現したりする．このシステムはドライバの身体的な手間や認知的な手間を省くという意味で便利であるが，システム内部でどのような処理・制御が行われているかを知る術があまりない．また，ドライバが自ら安全運転を習熟すること（＝客観的な益）や，自己肯定感の醸成（＝主観的な益）を妨げてしまう可能性がある．

一方，間接型運転支援システムは，ドライバが情報提供を受けて自ら運転行動を意識的に変える「手間」を要求する．これは一見すると不便であるが，ドライバが情報を手がかりに様々な運転を試し，経験を通じて安全運転を習熟することできる．さらに，ドライバは運転技能を磨いていくことで自己肯定感や楽しさといった主観的な益を得ることができる．すなわち，間接型運転支援システムは不便益のシステム設計論に沿ったものといえる．そこで次節以降では，ドライバが不便益を得ることができる間接型運転支援システムの例について紹介していく．

2.4 エコドライブに対する支援

動機づけに関する心理学の知見に基づいて，
1) 1分間隔ごとの燃費評価：
   行動評価を長い間隔で行うと効力期待が低下するので1分ごとに目標値と1分燃費の比較を行う．
2) 運転技能に応じた目標値の提示：
   過去の燃費成績に基づいて目標値を算出する．
3) 目標燃費の難易度とシステムの表示内容の選択：
   習熟度に応じてドライバ自身が目標値の難易度と表示内容を選択することで自己決定感を高める．

という機能を有する間接型エコドライブ支援システム (EDSS: Eco-Driving Support System) が提案されており（図2.1），ドライビングシミュレータを

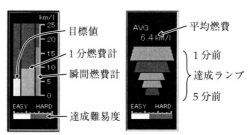

図 2.1　間接型エコドライブ支援システム [10]

用いた被験者実験により，本システムを提示することでエコドライブが促されることが確認されている [10].

さらに，システムが自動的に操作介入することで燃費を向上させる直接型 EDSS との比較実験を行った．直接型 EDSS では一部の実験参加者で燃費向上に対する動機づけが高まらず，能動的な工夫を行わなかったために技能を習熟しなかった．つまり，直接型 EDSS はドライバに手間をかけさせないために，技能を習熟する機会を与えないという弊害をもたらしている．一方，間接型 EDSS を利用したドライバは，エコドライブに対するドライバの動機づけを高め，自発的に運転行動の改善に励み，省燃費運転を習熟することで燃費を改善した．すなわち，間接型 EDSS は直接型 EDSS に比べると不便益が得られるシステムとなっていることが示された [11].

2.5　安全運転に対する支援

2.5.1　安全運転評価システム

エコドライブを定量的に評価する指標である燃費は，1リッターの燃料消費で何キロ進んだか？ を示す値であり簡潔明瞭である．一方，運転行動の安全度を多面的かつ定量的に評価するための指標は確立されていない．そこで，安全運転を評価する無次元量の指標として，

衝突リスクが顕在化した場面における指標

　　指標 I: 適切な減速 (I_F)

　　指標 II: 後続車に配慮した減速 (I_B)

衝突リスクが顕在化していない場面における指標

　　指標 III: 無理のない加減速 (I_A)

　　指標 IV: 安全な車間距離 (I_D)

2.5 安全運転に対する支援　　31

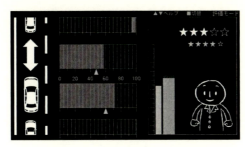

図 2.2　安全運転評価システム [16]

の 4 指標が提案されている [12]．これらの値を準実時間的に提示することで，「自発的な安全運転」を促す**安全運転評価システム (SDES: Safe Driving Evaluation System)** を構築した [13]．さらに，ユーザを魅了するゲームの設計論である**ゲームニクス理論** [14] を導入して SDES のインタフェースを改良することで（図 2.2），ドライバのシステム利用動機づけを高めて，副次的な効果として安全運転に取り組む姿勢を一層促しうることがドライビングシミュレータ実験で示されている [15]．これは，安全運転そのものを「楽しい」と感じることができるように工夫された SDES を使うことで，システム利用者であるドライバの自発的な行動変容を促すという設計思想がもたらした結果である．

2.5.2　安全運転評価に基づく触力覚提示

先行車両などの前方障害物との衝突危険性が高まった場合に，アクセルペダル反力を変化させることで，ドライバに対して適切な減速操作を促すシステム [16] がある．このシステムでは，アクセルペダルを介してドライバと車両の間でやりとりする情報が情報伝達方向によって異なっており，ユーザから機械へ伝達する情報と機械からユーザにフィードバックさせる情報を一致させることが望ましいという人間機械系の設計指針を満たしていない．そこで，シート下に設置した触力覚情報提示インタフェースを用いて，前方障害物との衝突リスクに応じてドライバの右大腿下部のシート座面を隆起するシステムが提案されている [17]．このインタフェースを用いることで，減速行動に対する反応時間が短縮されることが確認された．

さらに，この触力覚情報提示インタフェースと，2.5.1 項で述べた安全運転評価システムを組み合わせたシステムが提案されている [18]．運転技能が向上するにつれて提示する触力覚情報を弱めることで，システムに対する過

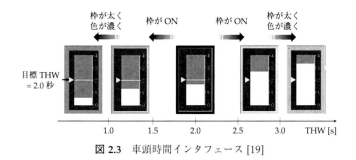

図 2.3 車頭時間インタフェース [19]

信が抑制され，欠報が生じても危険な運転行動が生じにくいという実験結果が得られている．

2.6 円滑な運転に対する支援

従来の ACC に加えて，複数の車両からなる車群内において車車間通信を行う CACC (Cooperative Adaptive Cruise Control) の研究開発が進められている．この CACC では，車車間通信を介して前後の車両の位置，速度，加速度といった情報をやりとりすることで，従来の ACC よりも素早く車間距離制御を行うことができ，渋滞になりにくい円滑な交通流を実現できると期待されている．しかし，すべての車両が車車間通信できる日が近日中に訪れる可能性は低い．

そこで，ドライバの先行車追従行動を変化させ，渋滞発生を抑制することを狙いとして，車頭時間 (THW: Time-Head Way) を一定に保つように促す視覚情報提示インタフェースを有する間接型運転支援システム [19] が提案されている（図 2.3）．このインタフェースでは，現在の車頭時間がリアルタイム表示されるだけでなく，目標車頭時間である 2 秒との差に応じて線の太さと色が変化する枠が表示される．これはメーターディスプレイ内に表示されるインタフェースの内容を周辺視でも確認できるようにすることで，視認負荷の低減を図るものである．この間接型運転支援システムを用いることで，車頭時間が目標値 2 秒に近づき，そのばらつきも抑制され，円滑な交通流となることがシミュレータ実験によって示された．ただし，このシステムを実際の運転で利用したいかという利用動機づけは高くなく，主観的な益が得られにくいという観点からは今後改良の余地がある．

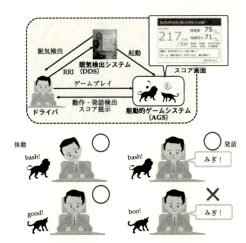

図 2.4 覚醒維持支援システム [20]
(上：WKSS の概要，下：AGS における 2 種類の入力方法)

2.7 覚醒維持に対する支援

安全運転支援の1つに，ドライバの居眠り防止支援がある．従来の支援システムでは，ドライバの覚醒度低下を検知して警告するものが主であったが，1) 覚醒度検知性能が低い（特に非侵襲なシステムの場合），2) 警告に対する受容性が低い，3) システムが覚醒度低下を検知した時点では遅すぎる，などの問題がある．

そこで，「システムがドライバの低覚醒度を検知する」という考えから「ドライバが楽しんで高覚醒度を維持するように促す」という考えに発想転換し，1) 誤報でも煩わしくない覚醒維持支援を行う，2) 眠気検出システムがドライバの低覚醒を検出した際に自律神経系に作用するような能動的行為によって操作するゲームを起動する，という2つの特徴を有する**覚醒維持支援システム (WKSS: Wakefulness-Keeping Support System)** を構築した（図 2.4）[20]．

ゲームの操作方法は次のとおりである：1) ゲームが始まると，前，右，左いずれかの方向から動物の音声が一定時間間隔で聞こえてくる．2) ライオンの鳴き声が聞こえた時には，その鳴き声の方向に対して，体動（首を傾ける）または発話（聞こえてきた方向を発話する）することでライオンを倒す．3) 猫の鳴き声の時には何も操作をしないことで猫を保護する．なお，

操作入力時には打撃音が鳴り，さらには操作の正解・不正解に応じた効果音も提示される．

シミュレータ実験によって，1) 発話による操作よりも体動による操作の方が，覚醒維持効果が高い，2) 眠気を検出した際に警報を提示するシステムよりも煩わしさを抑制できる，楽しい，という主観評価結果が得られた，ことが示された．つまり，このシステムは，覚醒維持効果が高いという客観的な益だけでなく，楽しいといった主観的な益も得られており，不便益的であると言えよう．

2.8 まとめ

本章では，システムから情報を提示されたドライバが，自分自身で考えて，試行錯誤しながら運転していくことで，その結果として運転技能が向上したり，安全性・省燃費性などが向上したりするといった客観的な益が得られる間接型運転支援システムを中心に話を進めてきた．ここで2つのことに注意して欲しい．

1つ目は，間接型運転支援システムのすべてが不便益系ではない点である．手間をかけて客観的な益を得るだけでなく，「もっと使いたい！」「手間がかかるけど楽しい！」「運転技能が向上して嬉しい！」といった主観的な益をユーザが感じられるようなシステム設計が必要不可欠である．そのためには，動機づけの心理学，ゲームニクス理論，仕掛学 [21] などの知見を活用すると良い．

2つ目は，直接型運転支援システムは不要なのではなく，むしろ必須であるということ．ドライバは不便益的な間接型運転支援システムを使いつつ，基本は手動運転を行うことで運転技能の向上を図るが，ヒューマンエラーの発生はゼロにはできない．したがって，ヒューマンエラーなどで危険な状況になった時には，自動ブレーキや自動でハンドルを切ることで衝突回避を試みる直接型運転支援システムが作動し，衝突を回避できる……かもしれないという組合せこそが，安全性を高める最も合理的な人間機械系だと考えられるのである．ここで，直接型運転支援システムによって，衝突回避できると断定するのではなく，「かもしれない」という不完全性をユーザに認識してもらうことも重要であることに留意されたい．

ドライバの数がばく大である．ドライバの運転技能がバラバラであるうえ

に全員が自動運転や運転支援システムの機能や制約を正しく理解するわけではない，システムのエラー，性能限界，使い方が人命に大きな影響を与える，といったことを踏まえたうえで，うまくドライバを活かすドライバー自動車系を構築すべきである．その際に，不便益という考え方を設計思想の一つとすることが，ドライバにとっても社会にとっても有用なシステム作りにつながるであろう．

第 2 章 関連図書

[1] 交通政策審議会陸上交通分科会自動車交通部会，『「交通事故のない社会を目指した今後の車両安全対策のあり方について」報告書』，2006．

[2] Carsten, O. M. J. and Tate, F. N., Intelligent speed adaptation: accident savings and cost-benefit analysis, *Accident Analysis and Prevention*, **37**, No.3, pp.407-416, 2005.

[3] 交通事故総合分析センター，『イタルダ・インフォメーション』，No.43, 2003．

[4] 大津博喜．横滑り防止装置 (ESC) の普及，『自動車技術』，61, No.12, pp.41-45, 2007．

[5] Wilde, G. J. S.（芳賀繁 訳），『交通事故はなぜなくならないのか—リスク行動の心理学—』，新曜社，2007．

[6] 鷲野翔一．ITS 技術者と社会科学者の連携，*Fundamentals Review*, **1**, No.2, 2007.

[7] 内閣府，『平成 28 年度版交通安全白書』，2017．

[8] 上淵寿，『動機づけの最前線』，北大路書房，2004．

[9] J. W. Atkinson, *An introduction to motivation*, Princeton, N. J., Van Nostrand 1964.

[10] 平岡敏洋，西川聖明，川上浩司，塩瀬隆之，自発的な省燃費運転行動を促すエコドライブ支援システム，『計測自動制御学会論文集』，48, No.11, pp.754-763, 2012．

[11] 野崎敬太，平岡敏洋，高田翔太，塩瀬隆之，川上浩司，エコドライブ支援システムにおける能動的工夫の余地が運転者の動機づけに与える影響，『ヒューマンインタフェース学会論文誌』，15, No.2, pp.111-120, 2013．

[12] 平岡敏洋，高田翔太，川上浩司，自発的な行動変容を促す安全運転評価システム（第 1 報）—衝突回避減速度を用いた評価指標の提案—，『自動車技術会論文集』，44, No.2, pp.665-671, 2013．

[13] 高田翔太，平岡敏洋，野崎敬太，川上浩司，自発的な行動変容を促す安全運転評価システム（第 2 報）—評価システムが運転行動に与える影響—，『自動車技術会論文集』，44, No.2, pp.673-678, 2013．

[14] サイトウアキヒロ，『ゲームニクスとはなにか―日本発，世界基準のものづくり法則―』，幻冬舎新書，2007．

[15] Hiraoka, T., Nozaki, K., Takada, S., and Kawakami, H., Safe driving evaluation system to enhance motivation for safe driving, *Proc. of FAST-zero 2015 Symposium*, pp.613-620, 2015.

[16] Takae, Y., Iwai, M., Kubota, M., and Watanabe, T., A Study of Drivers' Trust in a Low-Speed Following System, *SAE Technical Paper*, 2005-01-0430, 2005.

[17] Hayakawa, M., Hiraoka, T., and Kawakami, H., Haptic interface to encourage preparation for a deceleration behavior against potential collision risk, *Proc. of SICE Annual Conference 2013*, pp.1425-1428, 2013.

[18] Hiraoka, T. and Hayakawa, M., Haptic interface of driver-assistance system based on safe driving evaluation, *Proc. of the 2015 IEEE International Conference on Vehicular Electronics and Safety*, pp.170-175, 2015.

[19] 平岡敏洋，橘崇弘，葛西誠，松本修一，目標車頭時間の視覚情報提示が先行車追従行動に与える影響，『土木学会論文集D3』，71, No.5, pp.I_857-I_864, 2015.

[20] 伊部達朗，平岡敏洋，阿部恵里花，藤原幸一，山川俊貴，運転中の能動的行為によるドライバの覚醒維持効果と運転安全性，『自動車技術会論文集』，48, No.2, pp.463-469, 2017.

[21] 松村真宏，『仕掛学―人を動かすアイデアの作り方―』，東洋経済新報社，2016．

第3章
義手のデザイン：
人に関わるモノのあり方を考えるために

　人に関わるモノをデザインするうえで，義手は示唆の多い題材である．本章では不便益の知見などを引きながら，義手という道具／工業製品を通し，人の心身に深く関わるモノ作りについて論じる．

　義手というモノは，人間の手という完成形や理想形があらかじめ存在している少々特殊な人工物といえよう．そのためか，工学の立場からは，その設計のゴールはすでに明示されていると捉えられがちで，ほぼ自動的に，「人間の本物の手を目指す」ことによって「便利にする」と設定されがちである．しかしその多くは，工学的に正当とされる手続きを踏むほどに，ゴールであるはずの「人間の手」に近づかないという構造的困難に直面することになる．実際の人間の手の仕組みが複雑かつ高度であるから達成が困難であるという理由からではない．

　有している機能が「便利さ」に帰着するものばかりではない場合のゴール（着地点）は，いかに見い出すべきか．本章では，これについて検討しながら，最後に「不便な」義手（人工ボディパーツ）について示し，一つの解答例としたい．

3.1 手における不便

　手がないことは，不便なことである．洒脱な雰囲気すらまといつつ発想の転換を促す不便益という概念をもってしても，「手がない不便にも益はあるでしょう？」などと表明することは困難だ．しかしだからといって，義手というモノのあり方を考える時，不便益の適用がまったく不可能かつ不適切な対象であるかというと，そうではない．

3.1.1 手が担うコト

　私たちは日常において，手によって様々な事柄を為している．一例として起床してからの流れを追ってみる．

① (手で) 目覚ましのアラームを止め
② (手で) まだ眠たい目をこする
③ (手で) 支えながら体を起こし布団から出る
④ (手で) カーテンを開けると
⑤ ちょうど隣人が散歩しているところだったので（手を振って）挨拶をした

　ごく短時間の行動の描写であるが，手の動きに着目してみると，この間にも実に多様で繊細，複雑な動きを行っていることがわかる．

①′ 手のひらを開き　手首は固定し　上下に　振り　押し　反動を受け止める
②′ 手のひらをやや閉じ　手首を転じかつ軽く曲げ　肘も曲げ　左右に　スライドさせる
③′ 手のひらを開き　手首は直角に近く曲げ　腕を床面に対し垂直にし　押し　体の重さを受け止めさせる
④′ 複数の指でつまみ　そのまま離さず保持し　手首と肘は固定し　そのまま肩から　左右に　スライドさせる
⑤′ 手のひらを開き　手首はやや固定させ　肘を曲げたまま　振り子様に振り動かす

ここでは動作解析様の分類までは扱わないが，5指それぞれを含む手のひら，手首，肘，肩などの各関節や，上腕のねじれ，加重などを詳細に追えば，先の描写程度のわずかな時間の日常の動作でさえ，人間の手の複雑な構造と制御に基づいていることがわかる．

　日常においては，先に描写した起床の後も当然ながら動作が続く．車の運転をする，車内荷物を持ち上げ運ぶ，仕事場で道具や装置を操るなど，生活をするための手の動作は続き，一生を通せば，育児や介護に特化した動作なども加わるだろう．

　つまり，カップを持ったり，ファスナーを上げたり，靴のひもを結んだりといった，手による動作を数え切れないほど重ねて私たちの日常は進んでいくが，義手によって生活する場合には，これらの「なにげない」動作のすべてが，一つずつ鮮明に克服すべき課題として立ち現れることになる．無意識には済まないそれらに対応する暮らしを受け入れ，工夫を重ねていくしかないという状況は，ただ不便という事態を越え，多くの葛藤も生じさせる．

　ある先天性上肢欠損（生まれながらに肩から先の腕がない状態）の子どもの母親は，子どもの成長に寄り添うなかで感じたこととして，「何においても選択肢がない，選択できない状態が悔しく辛い」と語っていた．工夫の余地がある不便には楽しさがあるが，それは，自身の意志による選択のうえで能動的に行うからホビー（楽しみ，趣味）として成立するのであって，工夫するほかないという状況においてはホビーにはならない．

3.1.2　手が担うコトと不便益

　手がない不便さには，片手のみであるか両手ともであるか，また関節など残存する部位にもよるため一概ではないが，主観に基づくという点では不便益になじむと言えそうだ．

不便益には下に示す 6 つの性質がある [1].

> **不便益の 6 つの性質**
> 1. アイデンティティを与える
> 2. キレイに汚れる
> 3. 回り道，成長が許される
> 4. リアリティと安心
> 5. 価値，ありがたみ，意味
> 6. タンジブルである（実際に触れることができる，手触りがある）

　この性質は，義手ユーザの立場からは，「義手を装着していればアイデンティティは望まずとも与えられてしまうし，文字通り身体の延長にあるモノだから，愛着も生まれ，使い込んでの汚れも味わいと感じなくもないし，成長は許されるというよりも成長せざるを得ない．もちろんリアリティは嫌と言うほどあるうえ，何にしても価値やありがたみには無自覚ではいられなく，それはもうとてもタンジブル」といったところだろう．しかしすべてクリアして「不便益で良かったね」とはならない．なぜなら，示される「不便益の 6 つの性質」は，そのいずれもが程度を自らの意志でもって選ぶことができるものだからである．為すことの程度を選ぶという選択の主体者であって初めてこれら性質は成立する．義手ユーザのように望まなくてもそうであるだとか，多大な訓練の結果としてそうであるという立場には，違和感が残る．冒頭で述べたように「不便でも益があるでしょう？」と言えないのはこの違和感のためではないか．

3.1.3 手が担う便利さ以外のコト
　話は戻るが，手による動作は，日常生活動作などの目的の達成のみに留まらないことに注目したい．自分や家族の顔に触れ，その暖かさや柔らかさから安心感を得るなどのメンタルに関する面や，現実感の受け止めなど外界とのインタフェースであるという情報受信の面，挨拶などのコミュニケーションを成立させる情報発信の面もある．また，手の動きによって好き嫌いや感情の表現もできるし，さらにはその人の性格や価値観などを表出させるなど，自己表現や見えない性質をも伝えるメディアとしての面もある．

3.2 義手における不便

3.2.1 義手はありのままでは使えないモノ

よく誤解されているが，義手は，それがあるだけで結果が出たり使えるようになったりはしない．義手に限らず，義足も含む義肢の類は，習熟のための「訓練が前提にあるモノ」である．義手というモノは，前節で整理した人間の手自体が有する複雑さを背景にしながら，ユーザの考えや行動を基礎に，医師や看護師，作業療法士，理学療法士，カウンセラーといった多くの専門家による知見や訓練，さらに義肢装具士などの製作者やエンジニアの技能などが密接かつ長期に渡って提供され続けて初めて「使える義手」に「なる」のである [2]．

報道等では「最新の義手はここまで便利になった」「スポーツ用義肢は人間の実際の手足よりも高機能だ」といった切り口で取り上げられるが，実際には，モノだけがあっても結果は決して出ない．

習熟や訓練との関係については，人に関わるモノ作りにおける欠かせない視点の一つである．

3.2.2 手は便利な道具

多くの道具が人間の手を模して生まれていることは言うまでもない．たとえば，手で液体をすくい保持するところからは，器，桶，柄杓などが，つまみ移動させるところから，箸やカトラリー，トングなどがある．道具性とも言えそうなこの性質は，人間の手の一つの特性である．

一方，前節でも述べたように，手には道具に帰結させられない性質もある．たとえばコミュニケーションや自己表現などは，うまく働いた場合には結果として便利さが得られるが，しかし，便利さのためだけにそれを行うわけではない．したがって，人間の手の道具としての性質のみに着目した研究開発などは，学術上の有用性は獲得し得ても，実用性という点では成立しなくなりがちである．

Childress は，人間の手腕を目標にしながら，義手を開発する際には，次の性質が必要であると述べている [3]．

① **Low mental loading or subconscious control**

② User-friendliness
③ Independence in multifunctional control
④ Simultaneous and coordinated control of multiple function
⑤ Near-instantaneous response
⑥ Noninterference with the individual's remaining functional abilities
⑦ A natural appearance and quiet movement

　しかしながら Childress は，これらを満たすことは人間の手となることに近しいとして，7点を同時に満たすことを求めてはいない．つまり全体や理想を確認しつつも優先順位を定めて取り組むということであり，それは同時に，満たしていない点を明確に受け止めるということでもある．これは一般的な工学的手続きにおいても矛盾しないが，このように満たせない点や満たせない域について明確に捉まえることは容易ではない．

　大西はバイオメカトロニクス研究の立場から，電動義手の発展形に位置する次世代の義手の現実的な開発プロセスについて言及するなかで，次のように述べている [4]．

人間の手腕の機能は複雑ゆえ，この再現を目指した人工の手腕の基礎研究と技術開発は学術上有用性が高いものの，指が独立して動く多機能な義手ハンドや複数の筋電センサ信号から複数の関節動作を判別できる筋電制御システムの開発は，よりよい義手を提供する一手段であっても目的ではない．

　このことからも，現状の義手開発において，有用性に対する実用の立場と研究の立場との両立の困難さがうかがえる．

3.2.3　形本位のモノが担うコト
装飾用義手の現況

　義手には大きく「装飾用義手（図 3.1）」「能動義手（図 3.2）」「作業用義手」[1]の3種類がある．これらのなかに，筋肉に流れる電気信号を受けて指部（の関節）が動作する筋電義手や，運動に特化したスポーツ用義手などがあり，少ないながらも利用されている．
　日本において最もユーザが多いのは「装飾用義手」であり，ユーザの8割が所有しているとされる [5]．装飾用義手は人間の手の外観に似せること

[1] 作業用義手とは，特定の用途に合わせて製作される目的本位の義手である．一定の様式などは存在しないため，ここでは図としては掲載しない．仕事等で用いる特定の道具を固定するものが多い．図3.3で跳び箱のために用いられている義手も作業用義手に分類され，跳び箱以外にもマットでの体操など体重を支持する必要のある運動に用いる．彼女はうんてい用義手も所有し，運動種目に応じた使い分けをしている．

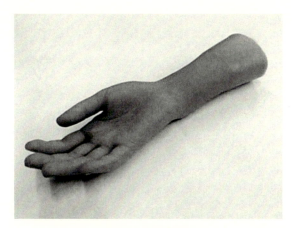

図 3.1 装飾用義手

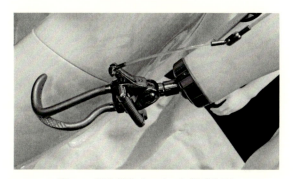

図 3.2 能動義手（ottobock 製手先具）

を目的とする義手であり，動作を伴う機能面については積極的に取り込まれるものではない．ただし，内部構造は様々で，中までなにがしかの素材で詰まったものもあれば，中空で手袋状のものもあるため，たとえば，製作の段階で指の関節に針金のような柔らかい金属などを挿入しておくことによって，必要に応じてもう一方の手で力をかけ，物理的に曲げて，掴む対象に合わせた指の折り方へと多少の調整が可能なものもある．また，装着して腕の長さが左右で揃うことによって，能動的な把持機能がなくても紙を押さえるなど可能となる動作もある．

3.1 節で述べたように，人間の手の性質は多様である．装飾用義手はコミュニケーションの性質を重視していると言えるし，一方，能動義手や作業用義手は，道具の性質を重視していると言える．便利さという点では，能動義手や作業用義手のほうが便利には違いないが，しかし日本におけるユーザ数からは，外観重視の装飾用義手の方にニーズがあると言えそうである．ただ

この実態の把握は容易ではないところで，たとえば，化粧をしないまま人前に出ることへの抵抗感に近しい感覚でもって，義手を着けないで人前に出ることに抵抗感を抱くユーザも少なからずいると聞く．

美観という機能

装飾用義手は，能動義手や作業用義手のようになにかしらの動作を行うことを目的とするものではない．「一見，手があるように見える」ためのモノである．先にも述べたとおり，長さが揃っていることを生かし，もう一方の手とともに用いることで，両手でモノを挟み移動させる，押すなどの動作は可能である．

しかし，なにかしら道具に近しい使い方をすることだけが「機能」だろうか．元来機能とは，物事の相互の連関によって目的を達する働きを指すのであるから，デジタル化されたブラックボックスの中で起きていることに限らない．

繰り返すが，装飾用義手の目的は「人間の手に似せること」であり，また多くの場合，同時に把持機能の高い能動義手も選択肢にあるなかで装飾用義手を選んでいるのだから，いくらかのユーザは「日常生活動作の補完よりも美観」を選んでいると言えるだろう．人間の手というあまりにも高度な機能を有する対象の代替である義手においても，外観は重視される機能であり，求められてもいる．

また，外観を求める背景として，ユーザ自身が視覚的な違和感を感じにくいだけではなく，他者が違和感を感じにくいという点にも注目したい．他者に義手であるとわかるか否かが，ユーザの快／不快に関与するということであり，このことからは義手のコミュニケーション性が示唆される．

3.3 便利な義手と不便益な義手

ここまでは，人間の手について，また義手について，便利／不便の観点を交えながら考えてきた．本節では筆者が共同研究者とともに提案している「不便益な義手」について述べる．

3.3.1 義手によらない不便

義手における不便さは，モノ自体に起因するものばかりではない．3.2.1

図 3.3 スポーツ用義手を装着して跳び箱を飛ぶ幼稚園児 [6]

項で触れたように，義手が使えるようになるためには訓練が必要である．図 3.3 は，スポーツ用義手を装着して跳び箱を跳ぶ幼稚園児である．4 歳時から，1 年ほどの作業療法士による訓練を経て，跳び箱が跳べるようになった．自己肯定感や社会性の向上など，身体以外での顕著な変化も見られた．

日本では，幼児期から義手を装着させる保護者や医療関係者は，本稿執筆時点において，多くない．このケースでは，保護者の情報収集能力が高く，海外の事例から子どもの好奇心を引き出す義手を知っていたことに加え，通院が不可能ではない範囲に，前例のない取組みに対しても理解がある医師や作業療法士がいたことが幸いであった．

このように幼児期からの取組みであれば，義手を使えるようになるための筋・骨格や神経系の発達も比較的速やかであるが，当然ながら年齢が進むほどに，身体自体が装着前訓練に耐えられなくなる傾向がある．気持ちのうえで義手装着自体への拒絶も生まれたりする．片腕があれば，ある程度生活に関わる動作ができるということもあり，外出時は装飾用義手を装着しても，自宅内では装着しないというユーザも多い．

しかし，腕の重量は体重の 6 パーセント相当であり，体重 50 キログラムであれば 3 キログラム程度となる．つまり常時片方の肩には 3 キログラムの重さがかかっているが，もう一方にはそれがないとすると，背骨のみならず全身に歪みが生じることになる．このようにして全身に生じる歪みは，いわば二次的な障がいとして当人を苦しめることとなる．したがって義手を装着することは，この二次的な障がいを回避する点においては，何かを持つな

ど目的ある動作を達成しなくとも「ただ着けているだけでよい」ということにつながる．

3.3.2 重さは壁か価値か

能動義手に対する調査であるが，使いたくない理由について聞き取った結果として以下がある [7]．

- 金属のフックが冷たい
- 機械のようで怖い感じがする
- 周囲の視線が気になる（見ないように気遣っているのがわかる）
- 人を傷つけそうで怖い
- 義手そのものが重くて不快である
- ヒモ結びなどできないことがある
- 手部の角度一定に固定されており使用に限界がある
- フックの開閉のために力が必要である（動きが重い）

これらからは，能動義手ではなく装飾用義手など他の種類の義手を選ぶ理由につながる点もあるが，その範疇に留まらない要素も見い出せる．それは重さに関する指摘である．しかし実際には義手は重たくはない．義手の重量は，成人用で，装飾用義手では 500 グラム程度，能動義手では 1.5 キログラム程度，重いと評されがちな筋電義手でも 2 キログラム程度であり，実際の人間の腕（3〜4 キログラム）よりもかなり軽い．もちろん接続の構造の違いや重心・慣性などの問題もあっての感じ方であるわけだが，そもそもの身体が相応の重さのある義手装着に耐える状態にないことが障壁となることには変わりない．

操作性に関する指摘もあるが，操作の習得には相当量の訓練が必要であり，つまり操作は装着すること自体をクリアした次段階に達成されるものであることから，操作性自体への訴えであるだけではなく，その段階までに達せられないでいることも含んでいると読み取る必要があるだろう．

3.3.3 義手装着を促すアプローチ

操作の前に重量の問題が，重量の前に装着自体への抵抗があるとすると，まずは「義手を装着すること自体への抵抗感をなくすこと」が解決されるべ

き課題であると設定できる．これに対しては，大きくは2種，精神的な抵抗感と身体的な抵抗感とに対するアプローチがあると考えられる．

精神的な抵抗感に対して：　着けたくなる動機を付加する
肉体的な抵抗感に対して：　慣れる

これらについて次に整理する．

3.3.4 「着けたくなる義手」のデザイン

　人が身体に着けるものは数多くある．衣服やアクセサリー，靴，眼鏡といった装飾品だけではなく，メイクやマニキュアなど身体に直接施す化粧類も含まれる．これらには身体への防護，防寒や衛生など，生物として生命の危険を回避するための機能面の目的を満たすと同時に，自己表現であったり，社会的地位の表明であったりと，他者や所属コミュニティに対するなにがしかのメッセージを含んでいたりもする [8]．

　義手にも，デザインや装飾のための機能を向上させ，ファッション性やコミュニケーション性を高めるというあり方がある．従来の廉価な装飾用義手は外観を重視しているとはいえ質感の再現レベルはそれほど高くなく，両手動作などでもう一方と並ぶと違いが顕著にわかる．そのため，片手のみ欠損の場合などは，もう一方の手に克明に似せた義手[2]を作成するケースもある．また，マニキュアを塗ることができる義手やハイヒールを履くことができる義足という例もある．これらによって，とくに後天的に手足を失った場合など，以前は当たり前だったお洒落ができなくなったと落ち込みがちだった気持ちが晴れ，活動が活発になることによって体力の維持につながるなど，よい循環が引き出されている [9]．

　あるいは，機能面にまで干渉しない程度の装飾[3]を施すという方法もある．たとえばソケット部分に，従来の肌色に合わせた着色ではなく，当人にとって「嬉しくなる」ような，気に入った絵や柄をソケット製作時点で樹脂の内に入れ込んで作成する工夫は現状でも広く行われている．

　先に挙げた跳び箱を跳ぶ子どもの場合も，本人の「ピンクがいい」という希望をかなえてソケット部分はピンク色で作成している．また，まだ跳び箱が跳べなかった時期には，そのピンクのソケットにシールやキラキラ光るビーズなどを貼り留め，「可愛いから義手を着けたい」という動機づけをし

[2] 「克明に似せる」場合の制作費は，範囲や精密さの程度によって異なるが，数十万円の自己負担となる．これほど高額であっても購入者が少なくないことからも，「装飾用」義手といえどただの装飾（コスメティック）に類似されるモノではなく，身体（エステティック）と認識されていることがうかがえる．

[3] 1944年に撮影された写真によると，イギリス人とおぼしき両足切断の紳士の義足には，半裸の女性などエロティックな画像がいくつも施されており，通常他人に見せないからこその遊び心が展開されていた（2012年企画展示，スコットランド国立戦争博物館）．

て訓練を継続させる工夫をしていた．なお，その後，跳び箱が跳べるようになってからは，「跳ぶと楽しいから義手を着けたい」という動機へと移行し，シールなどの装飾は自然に不要になったそうである．

3.3.5 「慣れるための義手」のデザイン
だれが慣れさせるのか
　先の「着けたくなる」のプラスイメージに対して「慣れる，慣れさせる」とは少々不穏な趣があるが，ここで述べることは，不便益研究と義手デザインとの建設的関係となる提案である．

　不便益と教育との相性が良いことは，不便益研究の早い段階から指摘されてきた．教育とは，ここまでの文脈に沿いながら改めて表現するならば，「未見の望ましい在りように向けての働きかけのこと．その際には厳密で余地のない方法や手続きの提示よりも，ゆるやかな制約や，不快ではない負荷など，達成感の醸成や向上心を刺激し得るフィードバックを提供することによって当人の内的動機を高める仕組みや仕掛けを設計することが望ましい」と言えようか．これは狭義でもって学校教育を指すのではなく，人間の前向きな変容に関わる行為を広く指すと確認しておく．

　さて，これまでに述べたように，義手を使いこなすためには「訓練」が必要とされている．訓練させられると思うといかにも気が重いが，達成すべき課題を受け止めやすいよう，実際には作業療法士らが工夫をこらして環境を用意している．ただ，訓練（リハビリテーション）は，身体の専門家が適切な負荷を設計して身体機能の向上を目指すものであるが，当然ながらその負荷を受容して継続させるのは患者本人でしかない．Burger らも，義手の使用継続のためには，切断してからのタイミングと効果のある義手の種類の選定，およびリハビリテーションの必要性を指摘している [10]．しかし，後天的な欠損や成人の場合には，なくした手などをイメージできることから目指したい結果に向けての動機づけも可能だろうが，先天性欠損かつ子どもの場合，本人のみによる判断は難しく，保護者の判断が大きな割合を占める．

保護者へのケアの観点
　義手の受容や装着の継続に対する障壁の一つは訓練の受容の程度であることは自明であるから，訓練といった種の負荷を当人の納得を得られないまま幼い子に行うという判断が保護者にできるかどうかというと，実際にはそこ

にはかなり幅があると思われる．そもそも保護者がいわゆる実の親，生物学的親である場合には，親自身が解決するべき精神的な課題を抱えている状態であることも多い．身体に欠損のある子が生まれたことに対して自身を責めていたり，原因を考え続けていたり，悲しみに打ちひしがれて呆然としていたりする．そのような状態に重ねて，子どもの障がいの受容を求めるとともに，今後のためといえども「負荷をかける」という決断を求めることは容易ではない．したがって，先天性欠損の子どもに対するアプローチには，身体に対するアプローチのみではなく，保護者の心理やメンタルケアをも包括する対応が必要である．

現時点では，保護者へのケアや出生後の先天性欠損の子どもへの対応は，個別の医療等関係者の配慮や努力で行われているものであって，系統だった教育や情報提供の仕組みはない．最適なタイミングで先天性上肢欠損の子どものための義手（人工ボディパーツ）を示し，子どもの将来に対する親の不安も軽減し得る対応をしながら前向きな取組みを促すといった，親の心理に沿った科学的なプログラムの開発が急がれる．

乳幼児用の義手（人工ボディパーツ）の開発

これまでに述べた検討を踏まえ，筆者らの研究グループでは，将来的に義手を受容しやすくすることを目指し，発達に着目した義手（人工ボディパーツ）の研究開発を進めている（図3.4）．そのために行った検討の概要は以下である．

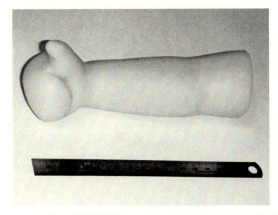

図 3.4 先天性上肢欠損乳児のための人工ボディパーツ2次試作
（15 cm 定規と並べ撮影）

・時期

　先天性上肢欠損の子どもは，おおむね学校社会に接触するまでは自身の身体を肯定的に受容して生活している．器用に断端部も使いながら身の周りのことができるようにもなったりもする．幼稚園や小学校に行く年齢となり，手指を使った遊びや学習の機会が増え，周りと同じことができないという状況になって初めて自身の身体の特異に気づくという経緯をたどることが多い．

　人間のボディイメージ形成のプロセスについては，未だ研究の途上にあり，私たちが，いつ・どのように自身の身体を把握していくのかは不明である．母体の中にいる時点ですでに自身の身体を把握しているという主張[11]もあるし，出生後に徐々に把握の範囲を広げていくという主張[12][13]もある．そこで人工ボディパーツ装着開始の時期については，先天性欠損の子どもに数多く接し，かつ科学的な知見も有する内外の医療関係者や研究者への聞き取り調査を行い，「お座り」が一人ででき，持ち替えなどで手を自発的に使うようになるが，ハイハイやつかまり立ちで体重を支えるのに手を使い始める前の「6ヶ月」を目安に開発することとした．

・素材

　Kuyperらは，子どもの義手装着に対し，両手作業に効果を感じればその後も継続して使用すること，また，2〜3歳までは，触覚を通じた運動感覚の発達が重要であると指摘している[14]．これまで日本では，子ども用義手製作の事例は少なく，製作したとしても，大人用義手をベースにサイズを小さくして対応することが多かった．しかし通常，義手は装着の土台として断端部に硬質素材によるソケットを装着する必要がある．ソケットで覆われると触覚によって外界の情報を受け取れなくなる．この点からも現行の義手をベースに乳幼児用の義手を開発することは望ましくないと判断された．ましてや発達を目的に6ヵ月に照準した開発を行う以上，手足を不規則に動かしたり，手を顔の前に持ってきてぼんやりと眺めたりするという，外界と身体を探知するために自然に起こる動きを妨げるわけにはいかない．そこで素材としては，身体に直接接触することが可能で，柔らかく肌の感触に近い医療用シリコーンゴムを採用することとした．

3.3 便利な義手と不便益な義手

・形状

　形状に関しては，乳児の発達に着目した場合の手の機能を参考とした．本章前半までの整理から，義手には把持機能に代表される生活日常動作を満たす道具としてのありように加え，外観にも機能とも言える意味があることを確認してきた．しかし乳幼児にとっての手は，「手で」ものを把持するのはお座り以降の発達段階であって，それまでは，「手に」触れる，「手を」視る，動かす，寝返りなどに「手の重さを」利用するなど，「発達のトリガーとしての手」として，手の存在そのものに機能がある．

　乳児の発達においては，口唇からの刺激に牽引される格好で外界を理解するとされる [15][16]．そこで，「発達のための手」としては，口との接触に主に焦点させ，口に当てたくなる形状を用意することとした．自分の指を口に持っていくことができる，手を動かして唇をきれいになでることができる，手を止めて首を動かしながら唇をなでるといった行動は，冷たく硬い旧来の人工の手では引き出せないだろう．

・不便かつ不便益な人工の手

　将来の健康な身体を視野にした乳幼児用の人工ボディパーツを提供することは，有用であろう．ではこれは「便利なモノ」だろうか．

　保護者は大人であるから，この人工ボディパーツの「利」について，科学的な根拠などを丁寧に説明することによって納得するよう働きかけることができる．しかし装着の当事者である乳児にとっては，この人工ボディパーツはただ不快で不便なモノでしかない．それを想定のうえで，異物だと認識しにくい段階からの導入を目指すとはいえ，それでも「発達のための訓練」が内在する人工物の受容は容易ではないだろう．しかし，この人工ボディパーツは，負荷のためにあえて装着する不便なモノであるから，柔らかさや口に含みやすいという仕掛けなどを工夫しながらも，不便なままでの受容を期待するほかない．

　受容までにかかる期間の乗り越え方に対しては，装着を担当する保護者への働きかけが肝要であろう．保護者自身の「つけさせたい」思いを継続できるよう，可愛らしさや装着のしやすさ，色味やテクスチャーなど，保護者に向けた動機づけや機能についても尊重するべき要素である．

3.4 義手と不便益と作り手

3.4.1 発達のための負荷は不便益

不便益研究として川上は以下の2点を問うている [1].

不便益チェックリスト
- 益も不便も，あなたのものですか？
- 益は，不便だからこそですか？

義手やその利用をこれに照らすと，1点目については，動作を伴う道具性の高い義手の場合であろうが，あるいは人の目への配慮から装飾用義手を着ける場合であろうが，益も不便も使用者のものだと言えそうだ．しかし2点目については，本章の折々で述べたように，不便だからこその益もあるとは断じ難い．しかし，前節で述べた「発達のための人工ボディパーツ（ファースト義手）」については，その不便さは発達のための負荷であるから，あえて不便にして益を得ている，つまり「益は，不便だからこそ」と言えそうだ．

義手デザインは，程度を含めユーザ当人が選び望んでいない事柄も多く介在し，どうしても不便益に関する諸々も複雑で，ナーバスさも帯びる．しかし，そのような繊細で人の幸福に関わる題材であるからこそ，モノ作りや設計について，本質やあるべき姿が見えてくる．

3.4.2 人に関わるモノを作る

この章の記述において，工学系出版物にしては一般的ではないあいまいさや，混沌のままの提示箇所があることは自覚している．もっとも，義手製作の子細や制度，現状のシステムの課題等については慎重に取り除いて述べたから，現場に関わる方々にとっては，現実的ではない[4]整理し過ぎた論述だと歯がゆい[5]くらいだろう．

しかしそれでも「作り手としてのあり方」という，幅広い専門領域に関連する切り口で食い下がる努力をここで行ったのは，筆者がこの領域に関わり始めた当初の孤独と敷居の高さとも言うべき壁を知っているからだ．困難な課題であるからこそ，多様で「業界外」の人の間に，義手についての議論が

[4] 日本においては制度の功罪が両面共に濃く，品質の確かな部品は入手できる一方で，使用者のニーズに合わせるための技術向上や開発を義肢製作所が積極的に行える環境にない状況に各現場は常に葛藤している．日本の技術力やイメージから「アキバに行けばすばらしい義肢がゴロゴロ売られているに違いない」と海外から期待されるが，まったくそうではない．

[5] 現実の複雑さを切り離しがたい題材において，開発のあり方のみを切り出して論ずるという，冒頭で批判したはずの「伝統的な工学的手続」の域を脱していないジレンマに，義肢装具の研究開発者同様，筆者もまた歯がゆさを禁じ得ない．

生まれて欲しいし，ナイーブな課題であるからこそ，広く他領域の知見が必要なはずだ．また同時に，義手を巡る議論を通して，「ひとのためのデザイン」とはどうあるべきかという検討が適切に成熟することを願っている．

　不便益は，それ自体が柔らかくも手間のかかるシステム論である．しかし，目先の矮小な利益や快楽を越え，人としての本質的な幸福に焦点させるモノ作りを促すことができる．便利が尽くされきった時代の作り手こそ，モノゴトの本質に根ざした，幸福なモノ作りを目指したい．

第 3 章　関連図書

[1] 川上浩司，『ごめんなさい，もしあなたがちょっとでも行き詰まりを感じているなら，不便をとり入れてみてはどうですか？』，株式会社インプレス，2017.

[2] 国立リハビリテーションセンター研究所義肢装具技術研究部，『はじめての義手』．

[3] Childress, D.S., et al., (Control of Limb Prostheses, In Smith, D.G., et al. (Ed.)), *Atlas of Amputations and Limb Deficiencies*, Surgical, Prosthetic, and Rehabilitation Principles. 3rd Ed., AAOS, pp.173-195, 2004.

[4] 大西謙吾，夢のある話 筋電制御と義手のユーザビリティの向上，『日本義肢装具学会誌』，27 巻 2 号，pp.84-88, 2011.

[5] 内閣府，『平成 18 年度版障害者白書』，2006.

[6] 小北麻記子他，先天性上肢欠損児童における運動用義手を通した発達・成長の事例，第 14 回北海道障害者スポーツ・健康開発研究会，2014.

[7] 川村次郎他，上肢切断者の現状と動向—近畿地方におけるアンケート調査から，『リハビリテーション医学』，1998.

[8] 小北麻記子他，能動義手のリ・デザイン，『第 37 回知能システムシンポジウム予稿集』，pp.293-296, 2010.

[9] 越智貴雄，『切断ビーナス』，白順社，2014.

[10] H. Burger, et al., *Upper limb prosthetic use in Slovenia*, Prosthet Orthot Int, 18(1), pp.25-33, 1994.

[11] M.L. Filippetti, et al., *Body perception in newborns*. Curr Biol. 23(23): pp.2413-2416, 2013.

[12] N. Zmyj, et al., *Detection of Visual-Tactile Contingency in the First Year After Birth*. Cognition,120, pp.82-89, 2011.

[13] 佐々木正人編，『知の生態学的転回 1 身体—環境とのエンカウンター』，東京大学出版，2013.

[14] M-A. Kuyper, et al., *Prosthetic management of children in the Netherlands with upper limb deficiencies*, Prosthet Orthot Int, 25(3), pp.228-234, 2001.

[15] S.E. Morris, *Mouth Toys Open the Sensory Doorway* 1998. http://www.new-vis.com/fym/pdf/papers/feeding.1.pdf

[16] H.A. Ruff, K. Dubiner, *Stability of individual differences in infants' manipulation and exploration of objects*, Percept Mot Skills, 64(3 Pt 2), pp.1095–1101, 1987.

第4章
発想支援

　不便だからこその益があるモノゴトは確かにありそうである．第1章不便益システムデザインの後半では，
- 既存のモノゴトを不便益事例と認定する条件（アナリシス）
- 新たな不便益システムを発想する3つの型（シンセシス）

について述べた．
　本章では，発想の方に焦点を当てて
- 不便益を活かした発想プロセス
- "不便益を活かすシステム"の発想支援

について考える．もともと不便益は，システムデザインの指針にすることを構想している．そういう意味で，本書の別の章や本章の前半は，それぞれの分野や領域における不便益システムデザインの例を紹介している．そして本章の後半だけは，分野にとらわれない一般的指針作りにアプローチするものである．

4.1 ブレストバトル

まずは，アイディエーションに用いられるグループワークの代表格でもあるブレインストーミングを，不便にしてみた．自由奔放に発想してよろしいというブレインストーミングの便利は，デザインワークにマイナスに働くことがある．ここに，ある種の制約という不便を導入して，不便益を獲得する．

4.1.1 従来のアイディエーション（アイデア出し）手法

会社における新規事業の開拓や新製品開発，さらには様々な場所で開催されているワークショップなど，アイデアをひねり出さねばならない機会は多い．その際，少しでも多くのアイデアを出すことが重要と言われるが，慣れていない人にとっては，たくさんのアイデアを出し続けることは簡単ではない．

ホワイトボード，大きな紙，付箋などを使って，思いついたアイデアを書き留めていく方法が頻繁に用いられるが，これらはアイデアを言語化するための道具に過ぎず，これだけではアイデアの数を増やすことは難しい．また，発散的思考を促してアイデア数を増やすためのシステマチックな手法として，マインドマップ [1] やオズボーンのチェックリスト [2] などがあるが，これらを使いこなすためにはそれなりの時間や慣れを要する．

4.1.2 ブレインストーミング

比較的簡単なルールで実施できる発散的創造技法として，ブレインストーミング（以降，ブレストと略す）が知られる．ブレストの参加者は，以下に示す「ブレインストーミングの 4 原則」を守って，アイデア出しを行う．

批判・結論は排除する 他人が出したアイデアを批判してはいけない．結論を出さない．

自由奔放を歓迎する 完全ではない不十分または中途半端な考えも歓迎する．

量が多いことを望む とにかく質よりも量を重視する．

結合・改善を求める 複数のアイデアを結合して発展させる．

しかし，会社や大学などでアイデア出しをする際に，これらのルールが守

られず，次のような問題が生じているケースが見受けられる．
- 参加者から出るアイデアの数が少ない．
- 参加者が自発的に発言しない．
- 一部の参加者のみがアイデアを出す一方で，ほとんど発言しない人がいる[1]．
- 後輩や学生が発言したアイデアに対して，欠点や問題点を指摘する先輩や教員がいる．
- ブレストの発起人が，延々と話し続ける．

[1] 時として居眠りをするツワモノを見たことがある．

　これらの問題が生じている状況は，発散的創造技法としてのブレストではなく，単なるミーティングに成り下がっており，斬新なアイデアが出る芽を参加者自らが摘んでしまっている．それでは，どうしてしゃべり続ける人と黙りこんでしまう人に二極化するのだろうか？

　しゃべり続ける人は，ブレストに対して必要以上に意気込んで，質より量を重視する第3原則に従っているケースがある．しかし，一人で話し続けてしまうと，第4原則「結合・改善」が生じにくく，"発散的創造"となりにくい．一方の発言しない人は，「他人に言われたから」「仕事として参加しているだけ」といったように，その場におけるアイデア出しに対して興味がなく，ブレストに対してそもそも消極的な態度であるか，しゃべり続ける人がいる状況なので自分から話す必要がないと思い込んでいるおそれがある．

　また，大学教員や職場の先輩は，学生や後輩が発した意見に対して，ささいなことであってもコメントしがちである．したがって，参加者たちが置かれている状況を鑑みると，何も対策を講じなければこのような事態になってしまうことは，ある意味必然といえよう．

4.1.3　ブレストバトルの手順

　上記のような問題点を踏まえて，ブレスト参加者の受動的な態度をいかにして前のめりにするのか，すなわち，能動的な態度を促すかを考え，「ビブリオバトルのように，アイデアをバトル形式で競わせる」方策を採用した．そして，時間制約と競争形式を導入したブレインストーミングバトルことブレストバトルの手順が生み出された．それは，以下の5段階からなる．

手順1：チーム分けとテーマ設定　これまでの経験上，1チーム当たり4〜6人くらいで，2チームの対抗戦とすることが望ましい．参加者数が多い場

図 4.1 アイデア出しの様子

合には，1 チーム当たりの人数を増やすのではなく，チーム数を増やす．なお，全チームに対して同じテーマ（お題）を与える[2]．

2) そうしないとバトルにならない．

手順 2：アイデア出し（制限時間：20 分） この手順では，上述の「ブレインストーミングの 4 原則」を守ったうえで，チームごとにテーマに沿ったアイデア出し，すなわち通常のブレストを行う．付箋やホワイトボード，模造紙など，従来のブレストで用いる道具を使うことが望ましい（図 4.1）．制限時間は 20 分としてきたが，これまでの参加者からは「長すぎず短すぎず，集中してアイデア出しをするにはちょうど良かった」といった肯定的な意見が多く得られている．

手順 3：アイデアエントリー（制限時間：10 分） この手順は，次の「手順 4：プレゼンテーションバトル」で，誰がどのアイデアをどの順番で発表するかをチーム内で相談する過程である．その際に，10 分という限られた時間の中で，対戦相手とカブる可能性のあるアイデアは早めの順番にしておくなどの戦術的要素を加味する．この点も，ブレストバトルにゲーム性を加えている．

手順 4：プレゼンテーションバトル（発表：1 人 1 分） チーム間で先攻後攻（3 チーム以上のときは全チームの順番）を決めた後，各チームから 1 人ずつ，1 つのアイデアを 1 分で発表する（図 4.2）．発表者は，そのアイデアについてチーム内で話しあった内容を踏まえて，聴衆の感性に訴えながらアイデアを魅力的に伝える．全チーム 1 人ずつの発表が終わった後に，「どちらの（どの）発表が一番面白いアイデアだったか」という観点[3]で，発表者自身も含む参加者全員が投票し，最も得票数の多いアイデ

3) あくまで評価対象はアイデアであり，人ではない．皆で考えたアイデアなら，甲乙を素直につけやすい．

図 4.2 プレゼンテーションバトルの様子

アの勝ちとする．投票が終わると，チームごとの発表順番を入れ替えて次の対戦に移る．全員の発表と投票が終わった後，勝利数が多いチームを勝利チームとする．さらに，各対戦で勝利したアイデアの中から，一番面白いと思ったアイデアを選出する最終投票を行うこともあるが，現時点では，ブレストバトルの必須ルールとはしていない．

手順5：アイデアの深化・統合（30分～1時間） 当初のブレストバトルでは手順4までであったが，収束的な思考過程が不足しがちで具体的なアイデアが得られないという問題点が指摘されていた．そこで，プレゼンテーションバトルで発表されたアイデアを中心に，未発表のアイデアも含めて，参加者全員で議論を行い，個別のアイデアを発展させたり，複数のアイデアを統合することでアイデアをより具体的なものにする手順が追加された．

4.1.4 ブレストバトルで期待される効果

自由奔放を旨とするブレストにある種の制約（すなわち不便）を導入したわけであるが，そこでは以下の効果（不便益）があった．

参加者が積極的になる 全員が発表しなければならないうえに，発表後にアイデアの勝敗を決めるので，参加者は積極的にアイデアを考えるようになる．この副次的な効果として，従来のブレストよりもアイデア数が増える場合が多い．

アイデアが整理される ブレストバトルでは，アイデアエントリーでバトルに向けてアイデアを選出する際とアイデアの深化・統合のプロセスで収束

的な思考を行う．これらのプロセスを経ることで，アイデアが整理・洗練される．

コミュニケーションが促進される　個人戦ではなくチーム戦であるために，誰がどのアイデアをどの順番で発表するかということを相談しなければならない．これによって，その日初めてあったメンバで構成されるチーム内であってもコミュニケーションが進む．

4.1.5 不便益ブレストバトル

ブレストバトルにおいてテーマ設定に制約はないが，不便益なモノやコトをテーマとする際にブレストバトルの導入が効果的であり，不便益なテーマ設定で行うブレストバトルを"不便益ブレストバトル"と称している．

新しいモノやコトを考えるうえで，従来の「便利にする」という設計指針を排除することは，アイデアの固着を防ぎ，自由奔放な発想の促進につながる．一見すると益とは対極にある不便なシステムを考えることによって，「相反する2つの視点」が活動に導入され，創発的なコラボレーションが促される [3] と考えられる．また，不便さやその益の発想には，万人に共通する解はなく，専門知識を必要としない．したがって，誰もが自分の経験や価値観をもとに，対等にアイデアを案出できると考えられる．そのようにして自分の主観に基づく益を考えることは，「便利＝豊か」という安直な思考から離れ，「豊かさ」や「喜び」への根源的な問いかけにも通じる．

以上の理由から，ブレストバトルと不便益は相性が良いと考えられている．

4.2　不便益システムの発想支援

ここまでは，発想支援に不便益を与えた．ここからは逆に，"不便益を与えるシステム"の発想を支援する．

不便だからこその益があるモノゴトは確かにあった．しかし，過去の事例に「不便益があった」と認定して回るだけでは生産的ではない．できることなら，不便益を与えてくれるような今までにない新しいシステム（以後，「不便益システム」と呼ぶ）をデザインしてみたい．しかし，いざそのようなシステムの発想を試みると，案外に難しいものである．

プロのデザイナの知識や経験に基づくヒラメキに頼るのも一つの方策ではあろうが，できれば自分で何か発想してみたい．この時，新たな不便益システムの発想をサポートしてくれるメソッドがあれば，便利である．

なにやら「不便益を得る便利なメソッド」と言えば自己矛盾しているように聞こえ，そのようなプロセスを考えること自体を「負けた気がしませんか？」と問われることもある．しかし，いくつかの試みがある．

4.2.1 知識ベースシステムと不便益マトリックス

まず，不便益を持っていた過去の事例（以後，不便益事例と呼ぶ）を収集して参考にすることは，不便益システムの発想に有効である．腕組みをしながら無から有を生み出すというのは恐るべきスキルである．そのようなスキルを持っていない者にとっては，不便益事例のお手本を知りたいところである．

不便益事例の使い方として，第 2 次 AI（人工知能）ブームの用語を借りれば，少なくとも知識ベースシステムと事例ベースシステムが考えられる．事例ベースは次項に譲り，まずここでは知識ベースを使う発想支援方法を考える．

知識ベースには，「知識」がデータとして蓄えられている．これを作るためには，たくさんの事例を分析し，そのエッセンスを知識として抽出しなければならない[4]．1 章で例示のものも含め，100 件ほどの事例を分析して [4]，いかなる不便がいかなる益をもたらすかをパターン化した．たとえば，1.3.2 項と 1.3.3 項に示した以下の 2 つの事例に注目する．

- 電子辞書より紙の辞書の方が，目的の単語の意味を知るというメインタスク達成には不便である．しかし逆に紙の辞書の方が，関連単語や過去にアンダーラインを引いた単語を目にする等の「気づきの機会」が大きく，そちらに注視を削ぐことができる．
- バイクが壊れたために自転車通学をした．自転車はバイクより身体的負荷が高い上に移動に時間がかかるので不便である．しかし，バイクでは見過ごしていた定食屋にフラッと入ってみて，お気に入りの一つを見つけることができた．

この 2 つの事例に共通するのは，アナログ（通学路，連続した紙のページ）をたどらねばならず，それに時間がかかるという不便が，発見の機会や工夫の機会を与えていることである．

4) その抽出作業そのものの自動化も長年研究されているようだが，その完成を待っているといつになるかわからないので，人手で抽出した．

望む（不便）益 システムの便利さ		1 発見できる	2 工夫できる	3 上達できる	4 対象系を理解できる	5 能力低下を防ぐ	6 主体性が持てる
1	速い	5,7					
2	早い	1,2,6 7,9,10	3,4,6 1,2,8	3,4,6 8	3,4,6 1,10	3,4,1 6,8,10	3,10,1 4,6,9
3	軽い/小さい	1,5,6	5,6,1 3,4	3,4,5 6	3,4,5 6		3,4,5 6
4	劣化しない	1,2,5 6	1,2,5 6		3,5,10	3,5,10	3,5,10
5	操作の種類が少ない	5,9,10	4,5,6 8,9	4,5,6 8,9	4,6,5 9	3,5,6 8	4,5,6 9,10
6	操作量が少ない	5,9,10	3,5,8	3,5,8	3	3,4,5,8	3,5,9 10
7	均一化	5,10	3,4,5 6,8	3,4,5 6,8	3,4,6 5	3,4,5 8	3,4,5 6,10

図 4.3 不便益マトリックスの一部

このような方法で，「不便と，それから得られる益」の関係という知識（パターン）を抽出した．それを蓄えた知識ベースを用いて，発想を支援する．

最も便利な方法は，知識ベース推論を使って，直面する問題が入力されれば，それを解決する「設計案」を自動的に生成することである．しかしそれこそ，自己矛盾である．システムはあくまで手間をかけたり頭を使うという不便を人に提供し，人はそれだからこその益を享受できねばならない．すなわち，不便益システムを発想するシステム自体も不便益システムであってほしい．

そこで，発明的問題解決手法と呼ばれる TRIZ [5] の矛盾マトリックスに倣って，「不便益マトリックス」を作成した．図 4.3 に不便益マトリックスの一部を示す．

このマトリックスは，以下のように利用する．

1. 課題となる対象を「便利である事柄とそれによって損なわれる事柄のペア」という形式に整える．
2. マトリックスから，「便利」に対応する行と「損なわれる事柄」に対応する列にある原理番号を得る．

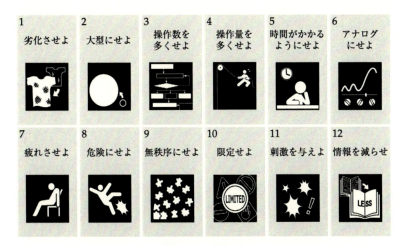

図 4.4　原理カード

図 4.5　益カード

3. 原理番号に対応する不便益原理を，課題となる対象に適用する．
図 4.4 に，不便益原理を表示したカードを示す．

　不便益マトリックスを使った発想支援システムはウェブアプリケーションとして実装しているが，簡易版として発想支援カードを作成した．マトリックスの列に対応する「益」をカード状に表示したものである（図 4.5）．

　カードは，マトリックスよりも利用するバリエーションが多く，工夫しだいで新たな利用方法も思いつきやすい．たとえば，リデザインに使う時には，既存のデザイン例に対して原理カード（図 4.4）のいくつかを適用して不便なデザインにし，そこに益カード（図 4.5）のいずれかが発生していな

いかを確認する，という使い方ができる．これは，1.5.3項に示した「価値発掘型」の発想法と相性が良い．

4.2.2 事例ベースシステムと不便益百景

ここまでは，知識ベースを用いた発想支援方法であった．知識ベースには，事例から抽出された知識（パターン）が格納される．これに対して，事例をそのまま保存してある事例ベースを用いる発想支援方法を考えることもできる．

最も安直な方法として，キーワード検索を使えば所望の類似事例を事例ベースの中から高速に参照することができる．これに加え，事例ベースを構造化し，ある一定のルールに基づいて事例を記述することによって，類推検索も可能になる．

この事例ベースを，「不便益百景」と名づけた．ユーザが発想のターゲットとしているものの属性を入力すると，それと類推可能な事例を不便益百景が検索し，その事例に用いられる「不便にする方策」を表示する．

たとえば，発想対象を野球観戦とした不便益百景を用いるシナリオは，次のようになる．

まず，現在の百景の事例記述から抽出したキーワードの内，野球観戦の属性としてユーザが選択できるのは「視聴，コミュニケーション，客席，有料，発見の機会，出会いの機会」などである．これをユーザが選択すると，そこから類推される事例に用いられている方策として「スキルを要するにせよ」，「個性があるようにせよ」，「情報がゆがむにせよ」などが表示される．

その中から「情報がゆがむにせよ」に注目した場合，ユーザは「電光掲示板に選手情報が表示されない野球観戦」というアイデアを思いつくかもしれない．つまり，選手情報（選手名や打率）が表示されないと，観戦する時に選手の特徴がわからず不便である．しかしそのために，知らない人と話す機会がある，発見の機会があるという客観的益がある．また，野球観戦のために選手の下調べを十分に行っていれば，俺だけ感，成長感，有能感という主観的益ももたらす[5]．

4.2.3 不便益百景の評価

不便益百景からは，なぜだか使えそうな「不便にする方策」が引き出せる．しかし本当に「使える」のだろうか？ そこで，不便益百景の発想支援

---

[5] 高校野球の県予選を球場で観戦している人のほとんどは，やたらに詳しく，しかも嬉しそうに語る．

メソッドとしての性質を調べた．

ランダム属性による設計指針の導入　不便益百景に標準装備されたアルゴリズムで引き出される設計指針（不便にする方策）を「百景標準指針」とする．これの有用性を評価するために，比較対象として「ランダム指針」を導入する．

百景標準指針は，ユーザが選択した属性に基づいて生成される．それに対してランダム指針は，ユーザによる属性選択はハリボテであり，それを無視して，ランダムに選択された属性に基づいて生成される．なおこの時，重複チェックのために背後では百景標準指針も生成しており，もし重複があればランダム指針から除外される．

ランダム指針は，ユーザの選択を無視してはいるが，百景に含まれる事例を説明できるものであり，デタラメなものではない．

実験方法　百景標準指針とランダム指針を用いたアイデア発想実験を実施した．実験協力者は，近畿大学理工学部学部生・大学院生の男性学生20名である．協力者は百景標準指針とランダム指針とを用いて2回アイデア発想を行った．この時に協力者は，設計指針が違うことを知らされていない．つまり，協力者にとっては，2度の実験は単に発想対象が異なるだけに見えている．

発想対象は，多様な発想を促す抽象度とイメージが湧きやすい具象度を兼ね備えることが望ましい．以下に示す実験では「家」と「ツアー」を用いた．

順序の影響を排除するため，表4.1に示すように協力者を5人ずつの4グループに分けた．また，協力者に表示される指針の個数は，百景標準指針とランダム指針とで同じにした．

実験手順　実験手順を以下に示す．
1. 協力者全員に不便益の説明（6分程度）と，質疑応答．
2. 不便益百景を使ったアイデア発想プロセスの説明と，アイデア発想の練習（5分）．
3. 設計案発想（15分間×2回）：「どのように不便にするか」とそれにより「得られる益」を発想して自由記述で記録．このタスクは個人で行

表 4.1 実験のグループ分け

グループ	発想 1 回目	発想 2 回目
G1	百景標準指針 (家)	ランダム指針 (ツアー)
G2	ランダム指針 (家)	百景標準指針 (ツアー)
G3	百景標準指針 (ツアー)	ランダム指針 (家)
G4	ランダム指針 (ツアー)	百景標準指針 (家)

い，実験中の会話は禁止．設計指針の表示は一度だけに限り，設計指針を必ず利用して発想するよう指示．

4. アンケートへの回答．

実験結果　アンケートでは，各設計指針について，設計案を考えるうえでどれほど役に立ったのか 7 段階で評価した（1：とても役に立たなかった；4：どちらともいえない；7：とても役に立った）．各設計指針に対する 20 名分の評価点数について，平均をとり，t 検定を行なった．その結果，百景標準指針の方が平均点数が高い傾向があった ($t(1.60)$, $p < .10$)．また，百景標準指針の方が発想された設計案数が有意に多かった ($t(1.83)$, $p < .05$)．つまり，ユーザには役に立つと思われ，現象としても多くの設計案が出されたという点については，百景標準指針は有用であると思われる．

次に，発想された設計案の質や特徴を調べるため，13 の形容詞対を用いた SD 法尺度（7 段階評定）を用いた．協力者は 18 名であり，そのうちの 10 名が「家」のアイデア，8 名が「ツアー」のアイデアを評価した．評価対象は，各指針による発想からランダムに選び出した 10 案づつの，合計 20 案である．協力者には，各設計案がどちらの指針によって発想されたかは伝えていない．

図 4.6 に 13 対の形容詞評定値の結果を示す．各値は，各協力者の回答結果（各アイデアに対する平均評定値）の平均値である．太線が百景標準指針，点線がランダム指針の値を表す．各設計指針とも同様の傾向を示しているが，「親近感がある／ない」の対で有意差 ($t(1.97)$, $p < .05$)，「自由な／不自由な」の対にも有意差 ($t(1.91)$, $p < .05$)．「豊かな／貧しい」の対では有意傾向 ($t(1.40)$, $p < .10$) が認められた．また，「便利／不便」の対では双方ともに不便であるとの評価になっており，いずれの指針でもアイ

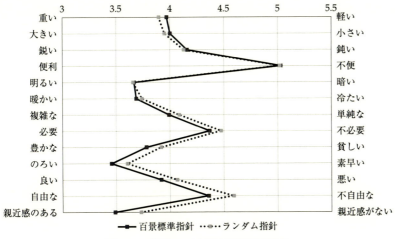

図 4.6 7段階の13対形容詞評定値結果

デアに発案者の意図がうまく反映されていることがわかる．

4.3 まとめ

不便益システムの発想に関連して，3つの支援手法をまとめた．その内のブレストバトルだけは，発想のアウトプットとして不便益システムを想定しているわけではなく，支援手法そのものが不便益（不便の効用）をもたらす．しかしこの発想メソッドは，アウトプット（発想のお題）として不便益システムを設定することも可能である[6]．

残る2つは，不便益システムを発想するためのメソッドである．第2次AIブームの用語である「知識ベース推論」と「事例ベース推論」になぞらえることができる．不便益マトリックスは知識ベース推論の形式であり，不便益百景は事例ベース推論の形式である．しかし，いずれもコンピュータが自動的に推論するという便利なものではない．やはり，手間をかけ頭を使うという発想の中心的役割はユーザに残され，コンピュータはあくまで支援者にとどまる．不便益マトリックスから派生した不便益カードなどは，もはやコンピュータアプリでさえない．カードである．

このように，三様に異なるメソッドではあるが，図らずも1.5節で整理した3つの不便益システムを発想する型に対応する．問題解決型には，まず対象を「便利」と「取り戻したい益」に整理するところから始まる不便益マトリックスと相性が良い．価値発掘型には，とりあえず不便にする方策が提

[6] その場合，「不便益システムを発想するのに便利な不便益的メソッド」という，面妖な様相を呈する．

示される不便益百景の出番が多い．そして，腕組みをして唸るという創発型には，チーム戦でブレストをするブレストバトルである．

第4章　関連図書

[1] Buzan, T. and Buzan, B., *The Mind Map Book: How to Use Radiant Thinking to Maximize Your Brain's Untapped Potential*, Dutton Adult, 1994.

[2] Osborn, A. F., *Applied imagination: principles and procedures of creative problem-solving*, Scribner, 1957.

[3] 安斎勇樹，森玲奈，山内祐平，創発的コラボレーションを促すワークショップデザイン，『日本教育工学会論文誌』，35, No.2, pp.135-145, 2011.

[4] 川上浩司，『不便から生まれるデザイン-工学に活かす常識を超えた発想-』，化学同人，2011.

[5] ゲンリック・アルトシューラー，『TRIZ シリーズ I．入門編』，日経 BP 社，1997.

第5章
コミュニケーション場の
メカニズムデザイン：
書評ゲーム「ビブリオバトル」のデザインを読み解く

　ビブリオバトルは「人を通して本を知る，本を通して人を知る」のキャッチフレーズで今や日本中に広まっている書評ゲームである．今の時代，インターネット上に山ほどの書評情報があふれている．また，ネット書店のサイトではビッグデータに基づいて自動的に「あなたはこの本が好きでしょう？」と推薦される．そんな時代にあって，生身の人間が本を持ちより，一箇所に集まって本を紹介し合う，そんな場作りのメリットとは何なのだろうか．アナログに人と人が，身体性を持って，コミュニケーションを行う場の不便益と，その設計論に迫りたい．

5.1 コミュニケーションはすべての問題の解法である．

　さて，本章を「コミュニケーションはすべての問題の解法である」という挑戦的な宣言から始めたい．どういうことだろうか？　本節では，この宣言を読み解き，本章の導入とする．

　社会は問題に満ちあふれている．中東の紛争，原子力発電所の問題，社会保障問題．もちろん，そんな社会的に大きな問題はニュースで取り上げられ新聞やテレビで論者が意見を述べる．ディベートや民衆による政治議論の文化が十分に育っていない日本では，そういう議論もイギリスなどに比べて低調なのは確かだが，それでも，多くの人たちがそれらを問題だと認識しており，なんらかの意見を持っていたり，たまには議論したりする．

　コミュニティも問題に満ちあふれている．やれ，会議の時間をいつにするだとか，バイトの時給を何円にするだとか，見積りをするのに工数をどれだけに設計するだとか，町内会の旅行の行先をどこにするだとか，勉強会に使う本を何にするかだとか，引っ越し作業の責任者を誰にするかだとか，そんなことだ．学級や部署のなかでハラスメントやいじめのようなことが起きていて，それをみんなが認識していなかったり，お互いの誤解から問題が発展していたりする場合もある．

　人が協調して社会やコミュニティを形成する以上，その一人一人が異なる意識や人格を持つ以上，そんな問題が生じるのは不可避だし，そんな問題を一つ一つ解いていかざるをえない．しかし，多くの参加者によって構成される社会やコミュニティの中で生まれる問題の答えは物理学や数学のようにきれいには決まらないことが多い．

　「問題の答え」，つまり，社会やコミュニティの中で最も正しい意思決定は，なぜきれいには決まらないのだろうか．

　それは，未来が予測できないからだ．世の中は不確実性にあふれており，誰一人完全な知識を持っていない．なぜならば，「何が良いか？」を決めるのは一人一人の人間だからだ．たとえば，旅行の行先を決めるのにパリに行きたい人と，エジンバラに行きたい人がいたとする．どちらの答えが良いかは，そのそれぞれの人に依存することは明らかだ．

　では，どちらの人が妥協すべきなのだろうか．また，どちらに行けば本当にみんなが楽しいのだろうか．そんなことは，誰にもわからない．もちろ

ん，一人の超越的な意思決定者がすべての問題を裁定するような状況を考えることもできるし，マザーコンピューターがすべてを決定する SF 社会も考えられるが，総じてその末路は一人一人の自由や尊厳が軽視されてしまうディストピアとなる．

このような視点から，意思決定が簡単には行えない理由として，大きく 2 つのポイントが立ち現れる．

(1) 未来は不確実である，
(2) 個々人の知識が個々人に閉じている，

というポイントである．前者は意思決定がある意味で常にギャンブルであることを意味しており，そこに「比較的良い手」はあったとしても，たった一つの手が完全な正当性を持つようなことが少ないことを意味する．後者は「人の頭の中は覗けない」という大前提からくるものであるが，具体的には知識を以下のようにさらに 2 つに分解するのが議論の上で便利だ．

(2-A) 個々人の願望に関する知識
(2-B) 個々人の事象に関する知識

願望に関する知識は，本人の希望や欲望，ニーズに関する知識だ．たとえば旅行の行先を決めるのに A さんがエジンバラに行きたいのか，パリに行きたいのかは重要な情報だが，本当のところは他の人にはわからない．A さんが「エジンバラに行きたいの！」と言った時に，他のメンバは A さんの願望を知ることができる．しかし，A さんが上司の願望を忖度して，嘘をついている可能性などもあるので要注意だ．たとえば「みんながハッピーになれる社員旅行を企画したいなぁ」と福利厚生課の担当者が考えていても，みんなの願望を読み間違えると，最悪な企画ができあがる．実際の組織における意思決定では，個々人がそれぞれに持つ願望というのは世の中や組織外部の様々な客観的な情報に比しても非常に重要な要素だ．願望はどこか主観的な情報なので，合理的な意思決定を議論する際には忘れられてしまう場合も多いが，日常の意思決定やコミュニケーションでは非常に重要になるので忘れないようにしたい．

事象に関する知識は問題に関して個々人が持つ比較的客観的な情報に関する知識だ．たとえば，旅行の行先を決める際に A さんはパスポートすら持っておらず海外経験がない，B さんはヨーロッパに 5 年間住んでいたし旅行好き，C さんはヨーロッパの歴史マニア，といった場合に 3 人の知識状態はまるで異なる．事象に関する知識を多く持っている人から情報を引き出し

て重きを置き，あいまいな知識から適当なことを言っている人の情報の重み
を軽くし（たとえそれが上司や役職者であっても！），意思決定に結びつけ
ていくことは合理的で生産的な意思決定における鉄則だ．

このような個人に属する情報は，ゲーム理論[1]をはじめ経済学などでは私
的情報 (private information) と呼ばれる．また，このように各プレイヤー
が不完全な情報下で意思決定しないといけない状況を不完全ゲームと呼んだ
りもする．

不確実な未来に対応するためにも，できるだけ多くの情報をもとに，正しい
意思決定基準（参加者の満足を含む）のもとに意思決定することが大切にな
る．少なくとも，この2つの情報を各構成員から引き出すことで，より上
質な意思決定ができるようになるのだ．

さて，本節の命題，「コミュニケーションはすべての問題の解法である」
に立ち返ろう．私たちが組織で問題を解決しようとする時には往々にして誰
かに相談したり，確認したりして，事象や願望に対する知識を引き出そうと
する．事象や願望に関する知識を引き出しているという自覚はなくとも，組
織内での多くの行動はそのように解釈できるのだ．つまり，小から大まで，
様々な問題の解決のコミュニケーションを行っている．そもそも，町内会の
旅行の行先をどこにするだとか，勉強会に使う本を何にするかだとか，引っ
越し作業の責任者を誰にするか，そういうことを言語的なコミュニケーショ
ンなしに意思決定することが可能だろうか？　否である．言葉の通じない国
に旅行に行くと言語的コミュニケーションがいかに私たちの日常を支えてい
るかを実感させられる．

本節の命題の対偶をとってみる．対偶とは結論の否定と前提の否定をつな
げた命題で，本質的にもとの命題と同じものである．この命題の対偶は「コ
ミュニケーションが解法でないような問題が存在する」というものである．
つまり，コミュニケーションが不要で意思決定できるような，問題が存在す
るということである．しかし，本稿で問題にしているような問題は，すべて
明らかに複数のメンバ間でのコミュニケーションを求めるようなものばか
りである（一人で考える算数の問題などは含まれていない）．言い換えれば，
本稿では，コミュニケーションを介して問題解決するような，社会やコミュ
ニティの中での様々な現実的な問題に向き合いたいのである．

ある集団でのコミュニケーションを考え，それをいかに改善するかという
問題を考えた時には，それに対するアプローチは様々に存在する．会議をす

---

[1] ゲーム理論とは社会において複数の行動主体が関わる意思決定の問題を数学的なモデルを用いて分析，議論する学問である．日常のシーンでも「○○さんが飲み会に参加するなら僕も参加する」といったように，それぞれの行動主体の意思決定が相互に依存しながら決定されるような状況は数多くあり，経済学のみならずコミュニケーション場のデザインを議論するような際にも，ゲーム理論は大変有益な分析ツールとなる．

るのもいいだろう．面談を持つのもいいだろう．社内情報システムを導入するのもいいだろう．しかし，それらにはそれぞれ，子細に踏み込めばその方策の設計問題や実施のスキルに関する問題が存在する．会議をどう運営するのか，面談でどう部下から本音を引き出すか．それら自体を問題解決することが，ひいてはコミュニケーションの，意思決定の問題解決につながる．本章の目的はこのような問題に対してコミュニケーション場のメカニズムデザインという視点を導入し紹介したい．

コミュニケーション場のメカニズムデザインとは何かを議論する前に，その具体的な事例を共有するのは有益だろう．次節で書評ゲーム「ビブリオバトル」を紹介したい．ビブリオバトルは，参加者にとって良い本，読んだ方がいい本に関する知識を共有するためのメカニズムとして提案されたゲームである．現在，ビブリオバトルは日本中に広まり，さらには海外にも広まりつつある．

5.2 ビブリオバトル

ビブリオバトルは誰でも開催できる本の紹介コミュニケーションゲームだ．「人を通して本を知る．本を通して人を知る」をキャッチコピーに日本全国に広まっている．ビブリオバトル普及委員会[2]によって公式ルールが定められており，以下の公式ルールを満たすゲームがビブリオバトルである [1]．

＜ビブリオバトル公式ルール＞
1. 発表参加者が読んで面白いと思った本を持って集まる．
2. 順番に1人5分間で本を紹介する．
3. それぞれの発表の後に参加者全員でその発表に関するディスカッションを2～3分行う．
4. すべての発表が終了した後に「どの本が一番読みたくなったか？」を基準とした投票を参加者全員1票で行い，最多票を集めたものを「チャンプ本」とする．

もともと，「勉強会に使う書籍をみんなで探し出してきて選び出す」という目的のために考え出されたこのゲームは，新しい本に出会えるだけでな

---

[2] ビブリオバトル普及委員会は，ビブリオバトルの普及をとおして世の中のコミュニケーションや知識共有，人々のつながりを活性化させること目的として2010年に設立された民間団体．2017年現在では全国に300名以上の会員を有する．また，2016年に一般社団法人ビブリオバトル協会を設立し運営母体としている．ビブリオバトルの公式ホームページの運営などを行う．

く本の紹介者の人となりを知ることができるという側面もあり多くの愛好家を生んできた．大学が発祥であり，また，活字文化推進会議主催（読売新聞社主管）で全国大学ビブリオバトルが毎年開催されていることもあり，大学を中心に広まっていると思われがちであるが，実際には様々な書店や，読書会，図書館，企業の中での懇親会，様々なイベントなど多様な場所で企画されて，活用されている．昨今では教育業界でもますます注目が集まっている．

もともと先進的な中高においてビブリオバトルを授業や図書委員会の活動の中に取り込んでいこうという動きもあったが，2013 年に文部科学省「第三次子どもの読書活動の推進に関する基本的な計画」が閣議決定され，その中で「また，書評合戦（ビブリオバトル）とは，各自が本を持ち寄って集まり，本の面白さについて 5 分程度でプレゼンテーションし合い，一番読みたくなった本を参加者の多数決で決定する書評会であり，大学，地方公共団体，図書館等で広がりつつあるが，こうした取組が全国に普及することが望まれる」と言及されたことも影響して，高校教育における読書推進への活用も多いに進展している．また，2016 年度には中学の国語の教科書に一部掲載されたこともあり，中学校における活用はさらに加速している．

中心的な解説書である『ビブリオバトル 本を知り人を知る書評ゲーム』には，

1. 「参加者で本の内容を共有できる．」（書籍情報共有機能）
2. 「スピーチの訓練になる．」（スピーチ能力向上機能）
3. 「いい本が見つかる．」（良書探索機能）
4. 「お互いの理解が深まる．」（コミュニティ開発機能）

がビブリオバトルの持つ 4 つの機能として挙げられている [2]．

それぞれに関する紹介や，ビブリオバトル自体の活用方法などは関連書籍に譲るとして [3][4][5]．コミュニケーション場のメカニズムデザインの議論と接続させるためにも，ここではビブリオバトルのデザインのきっかけとなった当初の目的，「3. 良書探索機能」に注目し，ビブリオバトルのメカニズムを改めて説明したい．

ビブリオバトルを参加者が構成する「システム」もしくは「場」として見た時，それは自律分散的な書籍サーチエンジンとなるようにデザインされている．どういうことか？ ビブリオバトルという場がどのような意味で書籍サーチエンジンであるかを説明したい．

ここでは仮に各参加者が「ビブリオバトルでチャンプ本に選ばれたい！（勝ちたいねん！）」と考えてモチベーション高く参加してくれる人だったとしよう．この発表参加者一人一人をビブリオバトルというシステムの要素として考えた時に，上記のルールで決められたゲームで起こることを考えよう．

　発表参加者は勝つためには多くの票数を集めなければならない．そのために求められるのは多くの人に「その本が一番読みたくなった」と思ってもらい票数を得ることである．これを実現するために発表参加者が，まずやるべきことは

(1) みんなが一番読みたいと思ってくれる本を探して持ってくる，

(2) その本をみんなが読みたいと思ってくれるようにちゃんと紹介する．

という2点である．各発表参加者がきちんと「勝ちたい！」と思うなら，彼らにとっての最適な方策は「みんなが一番読みたくなるだろう面白い本を持ってきて，その魅力・ポイントをきちんとみんなに紹介する」ということになる．そうやって選ばれてきた本から，多数決によって「チャンプ本」がフィルタリングされ現れ出ることで，「みんなが読みたい本」が出力される．この意味で，ビブリオバトルというシステムは，ある意味で，各参加者を構成要素とした自律分散的な書籍サーチエンジンと言える．このサーチエンジンは個々人の書籍（という事象）に関する知識（私的情報）を活用し，面白い本を見つけ出すことができる．

　ここで重要なのは「みんなが一番読みたくなるであろう本」は必ずしも「世の中の平均的な視点から見て良い本」「よく売れている本」「偉い先生の推薦する名著」ではないということだ．

　そういう意味で，実は(1)は意外と難しい．なぜならば，「みんながどんな本を好きかがわからない」からだ．前節で述べた願望に関する知識が完全ではないのだ．となると，発表参加者はそれを想像しないといけない．

　発表参加者は本を選ぶプロセスの中で自らの書籍に関する知識（事象に関する知識）を活用するのみならず，他の参加者の好きな本や勉強したいこと，興味に関する知識（願望に関する知識）を推測する必要がある．逆に言えば，このビブリオバトルというメカニズムは個々人の願望に関する知識を表出させる機能もある．この願望に関する情報は最後の投票のタイミングでもより明らかになる．

上記のようにビブリオバトルというゲームは参加者のもつ書籍に関する私的情報を活用し，表出させ，「良書探索機能」を実現するメカニズムとなっているのだ．そして，そのメカニズムは4項目の「公式ルール」として体現されている．

情報推薦の研究者である奥はこのビブリオバトルの書籍情報推薦装置としての機能を，キーワード検索，内容に基づく推薦，協調フィルタリング[3]などといった書籍推薦にかかわる情報技術と比較し，コミュニティ内の個々人の知識を活かしたビブリオバトルが多様で総合満足度の高い推薦を実現できることを示している [6]．

5.3 コミュニケーション場のメカニズムデザイン

コミュニケーション場のメカニズムデザインとは何か？ 本章で最も伝えたいのは，コミュニケーション場のメカニズムデザインという「考え方」である．

私たちが社会やコミュニティにおいて問題解決に行き詰った時，そこにおけるコミュニケーションの場について考えることは意味がある．また，何かの問題を解決する時にコミュニケーションの場を新たに置いてみようとすることもしばしば重要な解決につながる（ただし，多くの官僚的な組織で行われるように実質的に何の権限も，何の工夫も，何のデザインもない「ワーキンググループ」という得体のしれない会議体を置くだけでは百害あって一利なしということもあるので要注意だが）．そのコミュニケーション場の運営メカニズムに焦点を当てるのがコミュニケーション場のメカニズムデザインである．

工学的な視点に立てば，問題を解決しようとする試みの多くは，何かをデザイン（設計）する，という試みに自然とつながる．問題は「何を設計の対象とするか？」である．

谷口と須藤は文献 [7] においてコミュニケーション場のメカニズムデザインを以下のように定義している．

> 「参加者が自らの効用を最大化するように行動する結果，実りあるコミュニケーションがなされることを通じて，目的がみたされるメカニズム」を構築するという問題をたて，これに対する設計解を得ることをコミュニケーション場のメカニズムデザインと呼ぶ．

[3] 協調フィルタリングは計算機を用いて行う情報推薦手法の代表的なアルゴリズム．ユーザの購買履歴などからユーザの興味・関心を推定し，それに基づいてユーザが好むであろう商品・サービスを推薦する．理論的には行列分解やベイズモデルを用いる場合が多い．Amazonが書籍の推薦で利用したことによって一躍有名になった．

これは言い換えれば，その場に参加者が集まって，あるルール（メカニズム）にのっとって，あとは各参加者が自由にコミュニケーションしたり，遊んだりすれば，自動的に，所与の目的を達成できるようなメカニズムを作りましょう，ということである．ここでメカニズムをゲームという言葉で置き換えても意味はほぼ同じになる．

　ビブリオバトルの例で考えてみよう．ビブリオバトルでは公式ルールという形でそのメカニズムが定義されている．ビブリオバトルの「3. 書籍探索機能」の実現においては「参加者が自らの効用」とは前節で説明したモデルの上では「ビブリオバトルでチャンプ本に選ばれたい！（勝ちたいねん！）」という気持ちとそれに基づく満足度とでも言えるだろう．それを「最大化するように行動」とは，「勝ちたいねん！」を実現するように行う選書，紹介プレゼンの構成，アピールなどが含まれる．もちろん，選書の過程には「そのビブリオバトルに来るだろう参加者の想定」なども含まれる．「実りあるコミュニケーションがなされる」とはそのビブリオバトルが活気あるものになり，そこで書籍情報の共有がなされることを意味し，「目的がみたされる」とはみんなが読みたいような本が見つかる，それぞれが出会えることを意味する．

　ビブリオバトルが設計された時，発案者が抱えていた問題は「いかに勉強会に使う書籍を見つけ出すか？」というシンプルな問題だった [2]．その問題の構造を分析した結果，勉強会参加者が分散的に持つ「書籍に関する知識」（事象に関する知識）と，「どんな本で勉強会したいか」（願望に関する知識）をその場で抽出し，また，活用するようなコミュニケーション場のメカニズムが設計解として求められるという考えに至った．そして，その結果，発案されたのがビブリオバトルだった．このことから，ビブリオバトルの発案はコミュニケーション場のメカニズムデザインの好例であると言えるだろう．

　コミュニケーション場のメカニズムデザインが「何を設計の対象とするか？」という問いに適切な背景を与えるためには，これまでコミュニケーション場をデザインする上で，なされてきた従来的な取組みを振り返るのが良い．

　本節では従来の多くのコミュニケーション場のデザインの取組みを大きく分けて（従来1）「空間を作る」と，（従来2）ファシリテーションに分類したい（図5.1）．共に非常に身近な事例がたくさんあり，有名で有益な手法

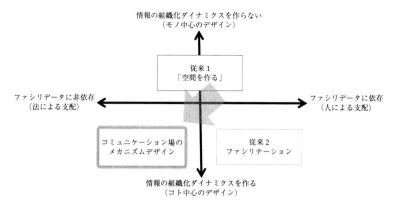

図 5.1 従来の「場作り」のアプローチとコミュニケーション場のメカニズムデザインの関係

もたくさんあるので，簡単にご理解いただけると思うが，以下に順に説明したい．

コミュニケーションが起こるための場所や機会を作ることでコミュニケーションを支援しようとするものを「空間を作る」アプローチと呼ぶ．たとえば情報技術を利用したアプローチでは，社内や開発チーム内での情報共有を推進するナレッジデータベースの整備や，組織内 Wiki の設置やクラウドシステムをはじめとする情報共有システムの整備などがある．また，テレビ会議（もしくはウェブ会議）システムの整備などもこれにあたる．また，インフォーマルコミュニケーションを支援するものとしては社内ブログや SNS の設置などがあげられるだろう．これは情報が行き交いコミュニケーションが生じる情報的な空間を作っていることにあたる．

実空間におけるデザインとしては，エレベーターホール前に椅子や机を用意して，いろんな人が気楽に話し合える場所を準備したりすることがある．より，公共空間のデザインとしては，団地の真ん中に公園を置いたり，憩いのスペースを設置することがあるし，駅前広場が近隣の住人のコミュニティスペースとしてゆとりを持って設置されたりすることがある．個性的な情報技術利用の試みとしては西本らの研究のように，コーヒースペースや雑談スペースへ適時的に人を誘うようなシステムが挙げられる [8]．

このようなアプローチはコミュニケーションのための物理的資源を提供するという意味では非常に重要である．テレビ会議システムがなければ遠方の人とコミュニケーションを持つことはできないし，エレベーター前に椅子と机があることでちょっとした時に活用できることもあるだろう．しかし，一

方で「空間を作る」アプローチでは，それらの資源が「実際には活用されない」という事案が頻発する．また，「使われ方」が当初の想定と大きくずれることもある．たとえば，組織内で設置したWikiに情報を書き込むのは1名の担当者だけになって他に誰も見ていなかったり，駅前の広場が暴走族やヤンキーのたまり場になったりするなど，そういうことだ．

「空間を作る」アプローチでは，デザインの中心と焦点がモノにあり，実際に情報の組織化を起こす人間のコミュニケーションのダイナミクスにない．つまり，コトを関心の中心に置いたデザインがなされていない．「こういう空間を作ったら，こういう使われ方をしたらいいな．こういう使われ方も可能だよ．」という淡い期待は常にそのデザイン過程の隣にあるが，各コミュニケーションの参加者をそのダイナミクスに引き込む仕組みはデザインの中心には置かれない場合がほとんどだ．

2つ目の従来型アプローチがファシリテーションだ．様々な手法を用いながらアイデア発想会議や集団的意思決定の会議等をリードする技法をファシリテーション技法と呼び，これに長け，場を運営する役割を担う人をファシリテータと呼ぶ．ファシリテーション技法に関しては，様々な解説書が出版され，様々なツールが提供されている．会議支援ツールとしてはマインドマップ，KJ法，SWOT分析などが有名である．また，会議自体の運営の方法や，組織改革のためのフレームワークとしては，ワールドカフェ[10]，オープンスペーステクノロジー[4)][11]，ソフトシステム方法論[12]などがある．

ファシリテーションによる組織改革のための会議や，ブレインストーミングなどにおいては，ファシリテーション技法を活用したファシリテータによる直接的なコミュニケーション場のデザインによって，しばしば大変有意義なコミュニケーションがなされる．

空間を作るものの，そこのダイナミクスにデザインの焦点を合わせず放置してしまうモノ中心のデザインとは異なり，ファシリテーションはあくまでその場で生じる人と情報の動きと組織化に焦点を合わせた，コト中心のデザインとなっていると言えるだろう．

しかし，ファシリテーションによるアプローチにも問題はある．優れたファシリテータを連れてくることができると有意義なコミュニケーションの場を作ることができるが，ファシリテータの技量が低いとその場は閑散としたものになる．非常に段取りと司会進行の悪かった会議を一つ二つ思い出してもらえればよい．ファシリテーションはファシリテータの技量に依存するの

4) オープンスペーステクノロジーは1985年にハリソン・オーウェンにより提案されたワークショップの運営技法．会議において最も皆が充実していた時間が「コーヒーブレイク」の時間であったという気づきから，その要素をワークショップ運営の中に取り込んだものである．運営の際には自発的に形成されるいくつかのグループに分かれて，議論が展開される．各参加者はどの課題に参加することも自由であり，また，それらは自立分散的に運営される．日本国内においてもまちづくり活動などにおいて数多くの開催事例がある．

だ．コミュニケーション場をデザインするのはファシリテータなのである．

　この事実は 2 つの問題を引き起こす．1 つは，ファシリテータの育成コスト，活用コストの問題である．ファシリテータに高度なスキルが求められるとなれば，その人材確保は社内（組織内）ではしばしば難しい．社内で確保できない場合は，社外の人的リソースに求めざるを得ないことになる．これは結局，人件費や外注費に跳ね返ってくることになる．次に，ファシリテータの集団的意思決定への影響である．集団的意思決定の研究において，会議における司会者が，話題の選択や，司会による発言者のコントロールなどによって，会議の最終的な結論に影響を与えられることが知られている．これは特に社外や組織外からファシリテータを連れてきた場合には大きな問題を生みかねない．

　これら「空間を作る」アプローチとファシリテーションによるアプローチの問題点を乗り越えようと本節で提案するのが，コミュニケーション場のメカニズムデザインによるアプローチである．コミュニケーション場のメカニズムデザインは，これら 2 つの従来型のコミュニケーション場へのアプローチから，設計対象をそのコミュニケーション場が前提とするメカニズムに移す．コミュニケーション場のメカニズムデザインは必ずしもインターネットを利用した情報技術や，具体的な空間の設計を前提としない．コトそのものをデザインするのでも，コトを生じさせるためのモノをデザインするのでもなく，参加者が自由に創造的に，自律的に，自己決定的に振る舞った時に情報の自己組織化ダイナミクスが生じるようなメカニズムをデザインの対象とする．これは自律分散的なシステムにおいて有意味なコトが生じるための制約条件を設計することを意味する．つまり，会議や話し合いが「勝手にうまくいく」ためのルール作りをしようということだ．

　人間社会の歴史を振り返り，政治的な意味での制度とのアナロジーで，この 3 つのアプローチを比べてみたい．

　「空間を作る」アプローチは無法地帯の都市国家だ．「空間を作る」アプローチでは，空間を作ったはいいけど，そこで参加者がどのようにコミュニケーションを形成するかに関してのデザインがない．もしくはその空間の中に暗黙的に埋め込まれた制約によりルールが作られている．しかし，「空間を作る」のみのアプローチは，利用者にとってはその場の方針も意味合いも見えづらい．それはまるで，都市という箱物は作るけれども法律も統治も存在しない無法地帯の都市国家のようである．もちろん，その暗黙的なルー

ルがうまく機能する場合もある．暗黙的なルールがうまく機能している例は「喫煙所」だろう．煙草に火をつけ合うことによる会話のきっかけや，閉鎖空間，喫煙者による独特の仲間意識といったものが，有益なインフォーマルコミュニケーションを生むことがある．

ファシリテーションは「人の支配」だ．ファシリテーションでは，ファシリテータが優秀であれば，そのコミュニケーション場における良質なリソースの配分が可能になる．名司会の下での会議は，しばしば大変すばらしい知的創造を生む．しかし，これはファシリテータに依存する．また，ファシリテータの恣意的な差配により，コミュニケーションの場が恣意的な結論に導かれてしまうリスクがある．古代ローマなどでは，皇帝の力が強く，その皇帝が聖人君子であった場合には世の中はすばらしく治められるが，そうでないときには悲劇的な治世となる．このような不安定な支配状況を「人の支配」と呼ぶ．人間社会の歴史は「人の支配」から「法の支配」に進んできた．

コミュニケーション場のメカニズムデザインは「法の支配」だ．「法の支配」においては，ルールが決められて，その範囲においては各参加者が自由な自己決定を保証されるために，個々の能動的なエネルギーを活かすことができる．コミュニケーション場のメカニズムデザインは設計対象をコミュニケーション場におけるルール（法）にシフトさせることで，「法の支配」による個々の参加者の知識や創造性の活用を導こうというアイデアなのである．

コミュニケーション場のメカニズムデザインでは，設計対象が「空間」や「コミュニケーション場そのもの」からインセンティブ，所有権（発話時間の割り当てなど），交換・贈与・売買の方法，ルール・規制などにシフトする．適切なメカニズムデザインにより自由主義的なコミュニケーション環境を作り，知的活動を促進しようとする．この考え方は同時にファシリテータへの依存を極小化することを目指しており，ゆえに，生まれるメカニズムはファシリテータの熟練なく，だれしもが活用可能なことが目指される．たとえば，ビブリオバトルでは司会者に特段のスキルは求められず，学校で開催される場合には，クラスの図書委員や学級委員が司会をするということがよく見られる．これが，ビブリオバトルの普及におけるスケーラビリティを提供してきたことはファシリテータ非依存性の好例であり，非常に重要である．

5.4 ゲームと遊び

　前節のコミュニケーション場のメカニズムデザインの概念の導入を踏まえ，そのデザインの前提となる2つの視点を与えたい．それは「ゲーム」と「遊び」だ．

　会社や組織，学校等におけるフォーマルな問題解決に向き合う際に，ゲームや遊びといった言葉を前提にして捉えるのは，いささか不真面目な気がして，これらの論点は敬遠されたり，十分な理由なく遠ざけられたりしがちだ．しかし，コミュニケーション場のメカニズムデザインにおいてゲームや遊びといった視点は極めて重要である．その理由は，それらがともに人間の主体的なモチベーションの振舞いに光を当てるものであるからだ．これらをデザインの中に埋め込むことは，私たちがコミュニケーション場の中で活躍を期待する個々人の動きをどう導けるかという根源的な次元において不可欠である．

　コミュニケーション場のメカニズムをゲームや遊びという視点から見つめることは，喜怒哀楽に満ちた生きた参加者を「自己決定性を持つ自律的要素」としてシステムに迎え入れ，それらの力を活用することを前提にシステムデザインを進めるのだという意思を持つことを意味する．

　日常の中での問題解決のために活動の一部をゲーム化するというアイデアは2010年頃から使われ始めた．このようなアプローチを表すゲーミフィケーションという言葉もこの頃から用いられている．ジェイン・マクゴニガルはこの分野の第一人者であるが，ゲーミフィケーションを取り巻く議論は，人の活動を導くメカニズムやモチベーションの科学としての視点のみならず，ポイントの配布，バッチの付与，順位の可視化などといった技法面への傾斜が強かったため，マクゴニガルらは代替現実ゲーム (alternate reality game) という用語を好んで用いている．ゲーミフィケーション，シリアスゲーム，代替現実ゲームといった近接概念を整理することは難しいが，すべてゲームの持つ力を課題解決や現実社会をよりよいものにする活動の手段として用いようとする点においては共通している．では，ゲームの持つ力とは何だろうか？　それは参加者のモチベーションを引き出し，持続的参画を得たり，ゲームがゴールと定めるものに向けて自律的な工夫と行動を引き出したりする力である．

5.4 ゲームと遊び

ジェイン・マクゴニガルは『幸せな未来は「ゲーム」が創る』の中でゲームの4要素を定義している [13]．それは

1. ゴール
2. ルール
3. フィードバック
4. 自発的な参加

である．

たとえば，サッカーを例にして考えてみよう．ゴールはボールをゴールネットに蹴りこむこと．これによって，1点が得られる．できるだけ多くの点を得ることが参加者のゴール（目的）となる．ルールは，手を使ってはいけない，サイドラインを出たらスローインなどといったサッカーのルールの総体だ．フィードバックは現在の得点の提示や，自らが行ったパスが成功したかどうかが目で見てすぐにわかること，自分のシュートの結果などだ．最後の自発的参加はとても特徴的な視点でもある．どんな面白いゲームでも，それに「強制的に参加」させられると人はストレスを感じて楽しめなくなる．ゲームの中で常に自分のプレイできるのみならず，プレイ自体への参加と脱退の自由が担保されていることが重要なのだ．

これらの4要素が欠けることなくデザインされていれば，それは高い確率でゲームとして成立しうる．つまり，参加者を惹きつけ，興奮させ，そのコミュニケーション場への貢献をより引き出せる可能性があるのだ．

遊びに関しては，古典ではあるが，ロジェ・カイヨワの「遊びと人間」において示された4分類に言及したい [14]．ロジェ・カイヨワは20世紀の社会学者，哲学者であり，様々な研究成果を残している．その中の代表的なものに「遊びと人間」の中で行われた遊びの分類がある．カイヨワは遊びを

1. アゴン（競争）
2. アレア（偶然）
3. ミミクリ（模倣）
4. イリンクス（めまい）

の4つに分類した．1. アゴン（競争）は運動や格闘技，子供のかけっこ，のような勝ち負けや順位がつくようなものである．ビブリオバトルでもチャンプ本になることを競い合うという面に遊びとしての側面がある．2. アレア（偶然）はくじ（宝くじなど），じゃんけん，賭博（競馬など），双六などが対応する．純粋な双六などは冷静に考えると実際にはサイコロという乱

数生成器ですべてが決まってしまうわけで，工夫の余地など何もなく受動的なものだが，なんだかドキドキするし，遊びとしては定番である．その不確実さやドキドキ感を遊びとして享受する心理的な素地が人間にはある．ビブリオバトルでも，どれだけの得票が得られるかどうかは，その日どんな人が来るかといった不確実性や，迷うと最後は「エイヤッ！」と投票先を決めてしまう投票者自体の不確実性，つまり偶然の部分があり，それが遊びとしての面白さに貢献している．3. ミミクリ（模倣）は演劇，物真似，ごっこ遊び（ままごとなど）などである．小学校低学年の子供を見ているとポケモンごっこや妖怪ウォッチごっこ，仮面ライダーごっこなど，ごっこ遊びを見ない日はない．大人がするビデオゲームのサッカーチーム経営ゲームや，F1レーシングゲームなどは多分にゴッコ遊びに近い側面がある．4. イリンクス（めまい）はメリーゴーランド，ブランコなどにあたる．子供の胴体を持ち上げて振り回したりすると，キャッキャ，キャッキャと喜ぶが，それはもう単純にイリンクスによるものである．

　これらゲームや遊びという視点はメカニズムや問題解決などという堅い言葉と比べると，多少遠いように思うが，コミュニケーション場のメカニズムデザインは参加者を要素とし，それぞれのモチベーションに駆動された自発的な貢献をエンジンとして動くシステムであるので，そのモチベーションにどのようにアクセスするかという問題は，たいへん重要問題である．個々人のモチベーションに関してゲーム理論的な視点から合理的なメカニズムデザインを行うことも重要であるが，人は合理だけで動く生き物ではなく，非合理な喜びや興奮に突き動かされながらも行動する．コミュニケーション場のメカニズムデザインをする際には，ゲームや遊びといった要素にも配慮しながら，全体のメカニズムを組み上げていくことが重要であろう．

5.5　まとめ

　本稿では書評ゲーム「ビブリオバトル」のデザインを振り返り，読み解きながら，コミュニケーション場のメカニズムデザインについて定義し議論した．ビブリオバトルはすでに日本中に広まり，海外にも広まりつつある．
　一方で，ビブリオバトル以外にもコミュニケーション場のメカニズムデザインの事例は探せばたくさん見つかる．多くのコミュニケーション場が実際には「何らかのメカニズム」を抱えている場合が多い．たとえば，ファシリ

テーション技法として紹介したオープンスペーステクノロジーでは，参加者から議題を提案してもらい，その議題に合わせて皆に「話したい議題に集まってもらう」という方法で議論のためのグループを作る．このボトムアップなグループ作りは，それ自体がうまいメカニズムとして機能し，活気ある場作りに貢献する．また，筆者らは発話権取引[5]という手法を提案している．発話権取引は，話し合いを決まった時間で終え，また，各参加者の発言量の偏りを減らすための枠組みである [15].

よく知られたサービスにもコミュニケーション場のメカニズムデザインが隠れている．ツイッターは勢いが衰えないコミュニケーションメディアであるが，ツイッターにおける「お気に入り」や「リツイート」のクリックはゲームとしてのフィードバックやゴールの役割を果たし，コミュニケーションをゲーム化することに貢献している．ツイッターの功罪として「デマ拡散」をはじめとした負の側面もあるが，それはコミュニケーション場のメカニズムデザインのある意味での失敗例とも言えるだろう．そのような問題を乗り越えるようなメカニズムをデザインできるかどうかは私達の社会における大きなチャレンジだ．

最後に，集合知メカニズムという言葉にも触れておきたい．集合知とは多くの人の知性や知識を集約して得られる知のことであり，これを集めるメカニズムを集合知メカニズムという．たとえば，予測市場は集合知メカニズムの1つである．ある予測したい事象（大統領選挙の結果など）に関する証券を発行し，それを参加者に取引してもらうことで，形成される価格により予測したい事象の発生確率を予測する．コミュニケーション場のメカニズムは，知識や情報の集約という「集合知」のアウトプットのみならず，より「コミュニケーションの場」という身体化された，人間同士の相互作用や，その状況自体にも焦点を当て，その成果に議論の盛り上がりや，個々人の成長や満足を含めた，様々な副産物をも土俵に取り込もうとする点で異なるが，集合知メカニズムがコミュニケーション場のメカニズムの近接概念であることに間違いはない．もう一歩踏み込むならば，実は，集合知メカニズムにはコミュニケーション場のメカニズムデザインの視点も必要だと考えられる．集合知メカニズムを実行しようとする際に，しばしば，参加者にそのメカニズムに参加してもらうこと自体が難しいという問題がある．参加者がそのメカニズムに参加する誘因がないのだ．コミュニケーション場のメカニズムデザインでは，個々人の視点から常にスタートするために，インセンテ

[5) 発話権取引は各参加者の発話時間に着目し，これをカードで参加者ごとに分散的に管理するとともに，柔軟に使用可能にすることで，発話権交代をボトムアップに司会者なしで実現するコミュニケーション場のメカニズムである．発話権取引のルールは，以下である．1. 参加者全員に発話権を配る．2. 参加者は任意のタイミングで1枚ずつ発話権を使用できる．1枚の発話権につき決められた時間の発言が可能である．3. 発話権は任意のタイミングで他の人に譲渡することができる．4. すべての発話権が使用されれば終了とする．これにより，一部の人（特に先輩や上司）が話しすぎてしまうといった状況を避けて，発現量が適切に平均化された話し合いの場を司会者なしに実現することができる．

ィブの設計が非常に重要な要素となる．集合知を活用するためにも，コミュニケーション場のメカニズムデザインは重要だと言えるだろう．

　企業の知的創造，町内会の運営，日本の政策議論，家族の休日の過ごし方の意思決定など，私たちの社会生活の中には大なり小なり，様々な問題解決や，情報共有，意思決定，コミュニケーションの活性化が求められるシーンがある．ビブリオバトルは書籍情報の共有や書籍を通したコミュニケーションの活性化に関して，1つのメカニズムとして解を与えたが，世の中にはまだまだ無数に解くべき問題，コミュニケーション場のメカニズムが貢献できるかもしれない問題が存在する．新たなコミュニケーション場のデザインを生み出していくこと，また，設計されたコミュニケーション場のメカニズムに対して評価やその効果の予測の手法などを確立していくことが，今後の私たちのチャレンジであると言えるだろう．

第5章　関連図書

[1] ビブリオバトル普及委員会，知的書評合戦ビブリオバトル公式サイト，http://www.bibliobattle.jp/，2017年3月30日時点

[2] 谷口忠大『ビブリオバトル 本を知り人を知る書評ゲーム』文春新書，2013．

[3] 谷口忠大（マンガ原案，監修），沢音千尋（マンガ），粕谷亮美（著）『マンガでわかる ビブリオバトルに挑戦！』さ・え・ら書房，2016．

[4] 谷口忠大（監修）『やるぜ！　ビブリオバトル（コミュニケーションナビ 話す・聞く）』鈴木出版，2016．

[5] ビブリオバトル普及委員会，『ビブリオバトル ハンドブック』子どもの未来社，2015．

[6] 奥健太，赤池勇磨，谷口忠大 推薦システムとしてのビブリオバトルの評価，『ヒューマンインタフェース学会論文誌』Vol.15 (1), pp.95-106, 2013．

[7] 谷口忠大，須藤秀紹．コミュニケーションのメカニズムデザイン～ビブリオバトルと発話権取引を事例として．『システム・制御・情報』Vol.55, No.8, pp.339-344, 2011．

[8] 中野利彦，亀和田慧太，杉戸準，永岡良章，小倉加奈代，西本一志．『Traveling Cafe: 分散型オフィス環境におけるコミュニケーション促進支援システム』インタラクション，pp.227-228, 2006．

[9] 松田完，西本一志．HuNeAS: 大規模組織内での偶発的な出会いを利用した情報共有の促進とヒューマンネットワーク活性化支援の試み．『情報処理学会誌』，Vol.32 (12), pp. 3571-3581, 2002．

[10] Checkland, Peter, Jim Scholes, 妹尾堅一郎監訳．『ソフト・システムズ方法論』有斐閣，1994．

[11] アニータ・ブラウン，デイビッド・アイザックス．『ワールド・カフェ～カフェ的会話が未来を創る～』香取一昭，川口大輔 訳．ヒューマンバリュー，472007．

[12] ハリソン・オーエン．『オープン・スペース・テクノロジー』ヒューマンバリュー，2007．

[13] ジェイン・マクゴニガル．『幸せな未来は「ゲーム」が創る』早川書房，2011．McGonigal, Jane. Reality is broken: *Why games make us better and how they can change the world*. Penguin, 2011.

[14] ロジェ・カイヨワ，多田道太郎，塚崎幹夫訳．『遊びと人間』講談社，1990．

[15] 古賀裕之，谷口忠大
発話権取引：話し合いの場における時間配分のメカニズムデザイン『日本経営工学会論文誌』Vol.65 (3), pp.144-156, 2014.

[16] 水山元．予想市場とその周辺．『人工知能』Vol.29 (1), pp.34-40.

第 6 章
博物館の学びを支える手がかりのデザイン

　インターネットによって世界中の美術品や資料を閲覧できる便利さも魅力的であれば，手間をかけて美術館や博物館に足を運んでその目で美術品や資料に触れることもまた魅力的である．しかし技術革新のスピードの速さに現場の対応は後手にまわり，せっかくの技術革新をうまく活用できているとはいい難い．ここで述べる，手間をかけることの大切さ，意義については，主体的な学びの観点から説明を与える不便益システムの設計論から多くの示唆を得ることができる．本章では，多様な手がかりを埋め込み，主体的に学ぶことのできるような学習環境デザインの観点から，どのように美術館や博物館を捉えることができるのか論じる．

6.1 ネットの利便性が博物館に突きつけたもの

博物館関係者にとって 2007 年に大英博物館がスタートさせた全収蔵作品のインターネット公開を目指したプロジェクトは，デジタルアーカイブのエポックメーキングな出来事であった [1]．商用利用以外であれば許諾なしで自由に利用できる利便性の高いプロジェクトは，「なぜ貴重な美術品をインターネットで無料閲覧させるのか」[1)]「インターネットで公開してしまったら美術館へ人が来なくなる」といった否定的な声が公開当初に聞こえていた．インターネットを通じて簡便に閲覧されてしまうと，博物館に足を運んだり鑑賞したりする手間を惜しむ鑑賞者が増えてしまうことが危惧された．しかし，ふたを開けてみればそれらは杞憂であることがわかった．サイトの公開後，大英博物館の来館者は急増した．ネットアクセスと来訪数増加との関係は裏付けられてはいないが，アクセス数の増加によって興味深い収蔵品をたくさん抱えていることを知った美術愛好家が世界中から訪れたものと考えられている．インターネットの利便性は，鑑賞行動そのものを手間として省いたのではなく，博物館にどのような収蔵品があるのかを調べる手間を省いたにすぎない．きっかけがなくても博物館に足を運ぶ人もいれば，きっかけがあっても博物館に足を運ばない人もいる．実際には手間をかけて博物館を訪れて自分の目で見たいと動機づけするきっかけになったのである．

世界中の美術館や博物館と提携し，超高解像度での閲覧を可能にする Google Cultural Institute には，すでに世界 60 ヵ国 1200 館以上の施設が参加しており，800 万点以上の作品を，インターネットでつながってさえいればどこでも誰でも無料で閲覧することができる（2017.3.24 現在）．インターネットでの公開に関して，一定以上の効果が期待できるとして賛同した美術館や博物館が増えてきた証左でもある．Google Arts & Culture プロジェクトを率いるアミット・スード[2)]は，「オンライン・プラットフォームは美術館に足を運ぶことの代替案ではない」と慎重に言葉を選ぶ [2]．「デジタル空間での出会いは関心をもつ契機に過ぎず，その後に実際に美術館に足を運んでほしい」としている．プロジェクトを立ち上げる動機の 1 つには，美術館に足を運べない世界中の子どもたちが，美術品に少しでも関心を持ち，画面を通じてでも関われる機会を提供したいという思いがあった．そしてデジタルだからこそ，現実の美術館や博物館ではできない体験として，たとえば

[1)] 基本的な機能を無料にしてサービス対象の裾野を広げるフリーミアム（Freemium）戦略にも通じるが，インターネット上で「見る」ことと，博物館に足を運んで「見る」ことの違いに自信をもたなければなかなか踏み切れない．

[2)] Google には 20% ルールと呼ばれる自らの本務とは別に新たな企画提案に人的資源を投じることができる．Google Cultural Institute はアミット・スードが 20% ルールで実現した新規プロジェクトである．

世界中のゴッホの作品を時代順に並べるなどして比較する技術や，超高解像度で撮影した作品に極限まで近づくといった未体験の現実を生み出す技術など，新たな挑戦にも取り組んでおり，現実の世界でも手に入らない新たな学びの手がかりを創出している．

美術館や博物館関係者にとっては，いまだに利用者がインターネット上での閲覧が便利すぎて満足してしまうのではないか，という懸念が拭い去れていない．インターネットの便利さが，美術館や博物館に足を運ぶ手間を省かせてしまうのではないかという危惧である．現在のところ，インターネット上での閲覧をきっかけに収蔵品を知り，むしろ一目見てみたいという動機で美術館や博物館へ実際に足を運ぼうと考える利用者も出てきてくれていることから，それらはただの杞憂に終わるかも知れない．あとは美術館や博物館自身が，実際に足を運んでくれた利用者に対して，その手間をかけるに足る学びの価値，楽しみを提供できるかにかかっている．

6.2 学ぶために手間をかける

6.2.1 撮影禁止が来館者の理解を促す

いざ美術館や博物館に足を運びさえすれば，深い学びが待っているかと言えば，必ずしもそうはならない．ツアーに組み込まれた制限時間内にルートをたどるだけの足早な移動や，写真撮影に気を取られてしまい，肝心の鑑賞に割く時間がなくなるなど，美術館や博物館関係者を悩ます要因はいくつも挙げられる．中でも，カメラは観覧の思い出にと写真撮影したくなる衝動は当然であるが，作品の保護という観点からはもちろんのこと，その写真撮影がかえって鑑賞の力を弱め，ひいては鑑賞体験そのものを台なしにしてしまうという指摘もある．欧米の美術館や博物館では館内での写真撮影の可否は館ごとにまちまちで，ルーブル美術館やウィーン美術史美術館など撮影が許可されている美術館もある一方で，ウフィツィ美術館のように撮影禁止の美術館も少なくない．

しかし，オランダのアムステルダム国立美術館の場合は，この写真撮影禁止を基にした斬新なキャンペーンを考案した．#Startdrawing と呼ばれるそのキャンペーンは，写真撮影の禁止と引替えに来館者にスケッチブックと鉛筆を無料で配布し，スケッチするように促したのである．ここではもちろんスケッチの得手不得手は関係なく，スケッチという行為のためにまず観察

が大切であることを来館者に体感してもらうことが重要である．公式サイトには，スマートフォンやカメラなどメディアが発達したおかげで，美術館への来場は「表面的な受け身の体験に成り下がってしまった」とある [3]．写真撮影をしてしまうと，来館者はすぐに気が散ってしまい，本当の意味での展示品の美しさ，不思議さ，驚きを感じられなくなってしまうと指摘している．記録のための便利な道具であるスマートフォンやカメラの使用を禁じ，観察のためにスケッチという手間を加えることで，より細部に意識が注がれた結果として記憶内容が増えることが期待されている．

6.2.2 写真撮影減損効果

心理学研究の言葉を借りれば，写真撮影減損効果というものが知られている [4]．フェアフィールド大学の心理学者リンダ・ヘンケル博士は，ベルアミーノ美術館の観光客ツアーに対して，カメラでメモを撮らせるグループと単純に目視で観察させる対照グループとに分けて特定の作品を鑑賞させた．そのツアーの翌日，各参加者に展示品の細部について質問したところ，カメラでメモを撮ったグループは，展示品の細部についての記憶が曖昧になっており，対照群に比して写真撮影が記憶内容を悪化させていることが示唆された．これは旅行などに出かけた際，写真の撮影枚数が 100 や 200[3] を越えはじめた時に誰もが感じていた危惧と相違ない結果である．目をつぶってもその時の景色を思い出せないのは当然で，なぜならせっかく壮大な景色を前にしてもファインダー越しにしか実際の景色をみていないため，まさに目に焼きつけることができなかったのである．記録に残す利便性が，記憶に残す機会を奪う可能性があるという点で，博物館教育においては看過できない事象の 1 つである．

[3] 旅行中の写真撮影だけでなく，講義や講演会においてパワーポイントの写しを配布する場合にも内容が記憶に留まらないという同じような問題が生じる．資料の配布は，黒板やホワイトボードの内容を書き写す行為を通じて学生や受講生が主体的に記憶する機会を奪ってしまう可能性がある．

6.2.3 不便益における手間の価値

便益の定義が，投入資源量に対する効果の最大化だとすれば，投入資源量としての手間は最小化されることが望ましい．しかし川上らは，不便なシステムがユーザにかけさせる手間がもつ別の価値に着目している [5]．ユーザは手間をかける過程で様々な使い方を試みつつ，行為の結果をフィードバックされることによって，対象系を理解し，使い方に関する技能に習熟する．その習熟を通じて，自己肯定感といった主観的な益を得ることもできる．

筆者らは，「手間」の効用を 3 つの環境条件（道具，自己，他者）の視点

から整理し，熟練技能伝承における手間の価値について分析した [6]．道具とは「手間」を重ねてきめ細かな質感を実現できる高次の目標達成に，自己とは「手間」を重ねることそのものが自己肯定をもたらす達成感を意味する．そして3つ目の他者という観点からは，「手間」を重ねることで今何をしようとしているかを第三者に示唆する行為意図の伝達の役割を果たすとしている．筆者らは，不便益システムの設計論の中でも，特に「手間」の多寡が主体に及ぼす学びの機会に注目した．

6.3 主体性を引き出す学びの場としての博物館

6.3.1 専門家の学び場から公共の学び場へ

　今から100年前の博物館の定義には，「学者や科学者が関心を持つようなモノ (objects) のコレクションあるいは展示所で，科学的方法に従って配列・展示されたもの」とあり，博物館とは当時は学者や科学者ら一部の人のためのものであった [7]．しかし時代とともにその性格，位置づけは変化し，今や専門家ではない一般市民にこそ開かれている施設としての印象が強い．そういった時代の変化は，世界137の国と地域，約3万人の博物館専門家が参加する非政府機関国際博物館会議 (ICOM: International Council of Museums) において1951年に制定された博物館の定義にすでに表れている．ここでは，「博物館とは，社会とその発展に貢献し，教育，研究，そして楽しみのために有形・無形の文化的遺産とその環境を取得，保存，調査，伝達，そして展示する公共に開かれた非営利の常設的機関である（2007年改訂）」と説明されており，一部の専門家のためだけでなく，広く公共に開かれた教育施設へ変化したその役割が明記されている [8]．しかし，調査研究のための訓練を受けた専門家と異なり，一般公衆にとっての教育施設となるためには，その拠って立つ教育教授法についても新たな考え方が必要となる．

　国内における博物館法第2条1項（1951年制定）についても，「この法律において『博物館』とは，歴史，芸術，民族，産業，自然科学等に関する資料を収集し，保管（育成を含む）し，展示して教育的配慮の下に一般公衆の利用に供し，その教養，調査研究，レクリエーション等に資するために必要な事業を行い，併せてこれらの資料に関する調査研究をすることを目的とする機関のうち，地方公共団体，民法第34条の法人，宗教法人又は政令で定

めるその他の法人が設置するもので第2章の規定による登録を受けたものをいう.」というように，その公共性として一般公衆にとっての利用，特には教養やレクリエーションへの貢献が追記されるようになった [9]．博物館は一般公衆にとっての学びの場として，これに応える役割達成が期待されている．

6.3.2 展示を通じて来館者に何を提供すべきか

博物館の機能としては，時代ごとにその重みづけや優先度の差こそあれども，収集，保管，研究（閲覧），展示（貸出）の4機能の重要性は疑いない．中でも社会教育施設という位置づけにおいて「展示」が果たす役割は大きい．展示が来館者にどのような影響を与えるべきなのか，その答えは展示について前もって決められた目標と目的の文脈になければならない [10][11]．博物館は展示に何が期待されているか（目標），そしてこの目標がどのように達成されるべきか（目的）について具体的に述べなければならない．目的がどのように来館者のニーズと要求に向けられているか，展示の目標と目的が意図した通りの影響力を持っているかどうかを確かめていく必要がある．

展示においては，モノの展示か情報の展示か，どちらを中心に考えるかによって大きくその力点が変わってくる．モノの展示とは，純粋に標本や資料そのもののための展示であり，説明的情報に力点は置かれていない．展示意図は，モノを魅力的に陳列することにあり，モノ自体が語るその存在感に任せている．他方，モノは存在しないか最小限しか与えられていない場合に情報の展示が必要となる．ここではメッセージを伝えるための文章と図の力を借りる必要がある．展示意図は観衆が最も知りたがっていることと，展示者が観衆にとって共有されるべきと判断したメッセージを伝えることが肝要である．しかし，これが展示開発において最も重要で，かつ難しい要件である．たとえば，館園施設の中でも動物園ほど来園者自身が多様な予備知識を備えてから訪れる施設はない．テレビや絵本などの影響もあり，来園者ごとに一定程度動物について詳しい人もいれば，その一部に誤解や誤認識を抱えた人も大勢いる．そのような場合，これらは展示者と来館者とのあいだのディスコミュニケーションとして表面化する．

ライオンの獣舎に注目すれば，来園者の多くはライオンが餌を頑張って食べている場面や吠えたりする場面を期待して来園するが，そのような姿を観

る機会は少なくがっかりする．これに対して飼育員は，一日の大半をゴロゴロして眠っている時間が長い生活こそがライオンそのものの生態であり，ありのままの動物の姿を知ってもらうという点では現状の見せ方で構わないと考えている．一般公衆に向けて一方向の教育教授的な手法では，このディスコミュニケーションを解消することは困難で，むしろ来館者自身が個々の関心や理解度に応じて主体的な学習者になることが重要で，展示者はむしろその学習環境をいかに整備するかが重要となってくる．

6.3.3 主体的な学びの場のデザイン

　学校教育のように教室という閉じられた空間の中で，定められた時間でカリキュラムにそって教えるというのは，効率性を重視した教育教授法として確立されている．これに対して社会教育施設においては，教室の外に出て拘束時間の制約から解き放たれ，興味関心に突き動かされた主体的な学びをこそ大切にしなければならない．美術館や博物館が社会教育において果たす役割の一つは，そのような主体的な学びの「場」を提供することである．

　人間中心設計において，ドナルド・アーサー・ノーマンは一方的なサービスの提供が利用者を受動的にしてしまうと指摘している [12]．利用者にとってわかりやすく，ストレスをなくしたサービスは心地よいものであるが，それは利用者の主体を形成せず，獲得するための相互行為も排除するという意味において，受動的な利用者を量産してしまう．川上は，不便益の議論において，行為者の主体性を損なう過度な効率化に警鐘を鳴らしている [5]．一般には，手間がかかることや認知リソース（記憶，推論）が割かれることが不便と呼ばれるが，対象系の理解や習熟，自己肯定感の醸成には，むしろ投機的な働きかけや手間をかける余地が残されていることこそが重要であるとしている．

　不便益システムとしての設計論においては，むしろ主体的な学びにつながる手がかりをいかにその環境の中に埋め込んだデザインができるかが鍵を握る．次節においては，展示に埋め込まれた学びの手がかりについて，筆者が実践してきた展示事例を中心に紹介する．

6.4 展示に埋め込まれた学びの手がかり

6.4.1 手がかりを減らす

まず博物館の展示企画のアウトラインができたら，ストーリーラインにそって収集品に解説文をつける必要がある [7]．意図されたメッセージが正確かつ簡潔に表現されているかを検討しながら，平易な言葉でしかも短い文で解説を書き記す必要がある．ひとまとまりのテキスト情報は 80〜120 字，多くとも 150 字程度におさまるように，長すぎず，専門用語を使いすぎない，それでいて来館者の注意をひくような魅力的な文章が要求される．信頼性を損なわないように事実誤認，誤字脱字をなくすことは当然のことながら，文字のサイズ，見やすいデザイン，配置や照明など，配慮すべき項目は膨大である．解説文は展示品の脇に添えられることもあれば，手元のリーフレットにまとめて編集される場合もある．

キャプションの分量や文体などは，館や学芸員ごとに様々なスタイルがあるが，展示品数が 50 点から 100 点にもなると，80〜120 字の解説文すべての足し合わせは 1 万字にも達する．その分量を，歩きながら，決して明るくはない照明の下で読まざるを得ないこととなり，多くの場合が飛ばし読みしたり，そもそも読まなかったりする．実際，キャプション研究において，たとえばルーブル美術館は，キャプションのある無しによらず，作品の鑑賞時間に差がないことを指摘しており，むしろ展示品が著名か否かによって鑑賞時間が左右されることがあることを報告している [13]．また，ユトレヒト中央美術館が明らかにしたのは，事前調査においては多くの来館者が長くしっかりと書き込んだ解説文を要望するにも関わらず，実際の展示がオープンすると解説文の分量はむしろ鑑賞時間と負の相関があるという．

筆者がキュレーションした，2010 年京都大学総合博物館春季企画「科学技術 X の謎」においては，長い解説文を選択せず，問いかけの一行キャプションを用意することとした [14]．1896 年に京都での X 線再現実験で最初に撮影された X 線写真には「何が写って何が写らない？」，女性型ロボットのレントゲン写真には「スリムな体につまってる？」など，問いかけるような一行キャプションである．さらに「X 線によってモノが透けて見えるのでは」という思い込みを払拭する意味で，異なる具材の入った 2 つのおにぎりの X 線写真を展示し，そこに「どっちがしゃけでどっちがたらこ？」と

図 6.1 展示品を食い入るように見比べる来館者

いうキャプションを用意した．実際にはX線が貫通しにくいご飯の白い像だけがレントゲンフィルムに写り，具材の違いはそこで使用したX線ではほとんど見分けがつかないという写真が展示されている．来館者はそれぞれのキャプションの問いかけの答えを探すように，展示品としてのレントゲンフィルムを食い入るように見比べていた（図6.1）．

この展示における最大のメッセージは，日本に現存するX線ガラス管の中で最も古いものとされる1896年のガラス管を中心に，明治や大正のX線研究黎明期の研究者の熱中ぶりを来館者と共有することであった．細胞のようにナノスケールのものから，エジプトの鳥ミイラやロボットなど視野におさまる範囲，さらには宇宙の超新星爆発のように数万光年から数億光年スケールのものまで，それぞれの分野の研究者を魅了してやまない研究対象の多様さが，同じX線技術で写し出されている興味深さ．それぞれの研究者が魅入られた研究対象の魅力を，大判レントゲンフィルムに焼き付けたX線写真の淡く美しい写真で，同じように来館者自身を魅了する力に期待した展示である．その意味で，まずは写真そのものに注視する時間を大きく引き伸ばす展示の仕掛けとしては，一定の効果があったと考えられる．

展示場におけるアンケートとの相関から，自発的に内容を読み解こうとした来館者にはこの「問いかけ一行キャプション」はおおむね好評であったが，同時に解説文をふだんから熟読する来館者にとっては物足りないとの声も少なくなかったため，展示手法としては課題を残すこととなった．また実験においても，注視点計測による関心推定と展示デザインの関係について調べたところ，同じ展示品に対して，ひねった問いかけの一行キャプションを添えた群とタイトルに100字解説文を添えた対照群とでは，明らかに展示品としてのX線写真への注視時間が異なった（図6.2）．

しかし，注視時間が長かった展示品と印象に残った展示品とは必ずしも一致しておらず，理解に要する時間なども注視時間を引き延ばす要因となって

図 6.2 注視点計測装置をもちいた鑑賞実験

いることがわかった．これは，必ずしも注視時間を増やすだけの展示デザインでは不十分であることを示唆している [13]．

6.4.2 手がかりを隠す

次に来館者動線に注目した展示デザインについて紹介する．来館者の動線を設計する方法としては，一般的に規制的誘導法，非規制的誘導法，示唆的誘導法の3つの方法が知られている [7]．規制的誘導法とは，テーマパークにあるある物語の舞台を体験するように首尾一貫した主題の展開を可能にする構造的な手法である．しかし，強制から逃れようと出口指向的な行動を引き起こしがちで，結果的に人の流れに渋滞を生じさせやすいとも指摘されている．非規制的誘導法とは，来館者が閲覧する展示物，順序を自分で選択するもので，画廊等に多いモノ指向型の展示に適した方法である．ここでは説明資料もモノ指向的であるべきで，ストーリーを強調すべきではない．自分のペースで鑑賞したいという想いが強い人にとっては，規制的誘導は余計なおせっかいのように受け取られ，他方，自らの選択を迫られることにストレスを感じる人にとっては，非規制的誘導を煩わしく感じることがある．これに対して3つ目の示唆的誘導法は，その中間でもあり，双方のメリットを重ね合わせた誘導法とも言える．まず，物理的な障害物を置かず，意図する順路にそって来館者を導くために，色彩，照明，順路票，目印となる展示物を用いることがある．コンテクスト上の連続性を維持しながら，来館者の選択の自由を認めることによって，強制されているという印象を受けずに学習体験を提供することができる．しかしここで示唆的誘導法においては，来館者ごとの様々な要請や行動パタンを想像したシミュレーションの豊富さが重要で，そういった意味ではデザインのできが成功の可否を左右してしまう．

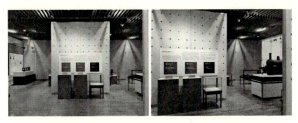

図 6.3 番号や矢印を使わない示唆的動線

図 6.4 死角から現れる新たな展示空間

2015年10月に実施した「研究を伝えるデザイン展」の一部においては，示唆的誘導法による動線設計が用いられている．たとえば展示品を大きく分類した3つの主題は，展示全体を一望しやすいように入口に掲示されている．そこからどの主題に足を運んでもらってもよいフロア設計にはなっているが，高すぎる自由度は来館者を困惑させ，動線の衝突を生むこともある．他方で1，2，3などと順序づけることは3つの主題のフラットな関係に序列を印象づけてしまう可能性がある．そこで，動線全体はメッセージボードで遮蔽し，入口では移動先が見えないように配慮したうえで，分岐点近くまで足を運んだ時に初めて目を引く大きな展示物（ここでは100年前の木製蒸気機関車）が視界に入る仕掛けが施されている（図 6.3）．

またそのエリアの前半を鑑賞し終わって180度反転して向きを変えたところで，次のエリアのテーマバナーが予告的に視界に入るようデザインされている．他にも映像視聴スペースをカテゴリーバナーの後ろに隠し，移動にともなって視覚的発見が連続的に起こるような動線設計を試みることで，来館者は自らのペースで新たな展示品と出会うことができる[4]（図 6.4）．

動線誘導においても印象の強い展示品や照明などによる視線の誘導が鍵となるが，むしろ鑑賞のための視線を遮ることで行動変容をもたらす展示の工夫が考えられる．実際，大きなガラスケースに10個以上もの展示品が陳列されていると，多くの鑑賞者は一瞥して鑑賞した気になってしまい，直ちに

[4] 来館者動線の実際のデザインは，展示空間の広さや形状，展示品の量，種類，大きさ，目玉展示品の有無，種類など，膨大な変数の組合せ最適化を図る試みである．

図 6.5　見えにくさを利用してのぞきこんでしまう展示デザイン

その場を離れてしまう．そこでガラスケースの全面を白いコーティングシートで覆い，それぞれの資料の形をかたどった枠だけくりぬき，そこからのぞき込まなければ展示品がのぞけないように見えにくくする仕掛けを準備した（図 6.5）．実際に鑑賞者はガラスケースに向かって一歩前に踏み出し，姿勢を変えて当該展示品を注視する時間が増えた．しかしこの場合もキャプション研究の時と同様にアンケートの声としては「見えにくい」という声が少なくないため，さらなる展示研究が必要となる．

6.4.3　手がかりに手で触れる

　美術館や博物館等施設の中でも，科学技術の面白さや先進性を学ぶ施設として科学館がある．ここでは難解ではあるが社会の基盤を支える科学技術の一端に，実際に触れてみるハンズオン展示と呼ばれる手法が生まれた．そしてその源流としては，工業用エンジンの運転装置を展示したドイツ博物館（ミュンヘン，1925 年），化学実験の実演で知られる発見博物館（パリ，1937 年），炭鉱を模擬したシカゴ科学産業博物館（アメリカ，1933 年）が挙げられる [8]．これらは，実際に手で触れ，体験してみて理解するという構成主義的な学習観に依拠している．学習とは，専門家の思考方法や内容を受動的に受け取るのではなく，学習者自らが積極的に対象と関わって既得概念や誤認識を作りかえていく手法である．

　構成主義的な学習観に基づいた科学館のエポックメーキングな施設としては，フランク・オッペンハイマーが 1969 年に初代館長を務めたエクスプロラトリアムが知られている．エクスプロラトリアムはハンズオンを取り入れた世界初の施設であり，「科学，芸術，そして人間の知覚のミュージアム」を標語に掲げ，体験型の科学と芸術に触れる展示が充実している．さらに，インタラクティブな展示装置を作るレシピ 200 種以上を載せたクックブッ

図 6.6 自ら楔形文字を彫った後に展示品を鑑賞する場面

クを出版したことで，世界中にインタラクティブ展示が広がるきっかけを作ったと言われている．

　筆者は多くの企画展示においてハンズオン展示を採用しているが，ここでは 2010 年 10 月「呪いの鉛板」特別展示で実施した仕掛けを紹介する．展示は，レバノン発掘調査団が，中東・レバノンにある古代フェニキアの中心都市テュロスを見下ろす丘の中腹で見つけた．紀元後 2 世紀に造られた大規模な地下墓から発見された「呪いの鉛板」(Curse Tablet) の速報展示であった．タブレットは紀元前 6 世紀から紀元後 6 世紀ないし 8 世紀まで，古代ギリシア・ローマ世界で広く使用されたと言われている．呪いの鉛板とは，未来の出来事に影響を与えるよう，あるいは自分の敵や不正者を罰するよう，神々や死者に依頼する文章が刻まれていた．

　しかし展示における課題は，発見された鉛板が小さく，文字の読み取りも困難なことであった．幅 6.0 cm，長さ 14.7 cm の薄い鉛の板で，全体にギリシア文字が 55 行にびっしりと書かれており，1000 文字を超える文字が刻まれていた．せっかくの歴史的発見にも関わらず，展示品そのものを展示するだけではその歴史的意義が一般の鑑賞者には伝わりにくいため，別の工夫を要した．その 1 つは高精細撮影された写真を大型プロジェクタによって映し出し，解読された日本語訳をスーパーインポーズした紹介動画を上映すること，もう 1 つは展示に合わせて実施した「楔形文字を彫ってみる」というワークショップである（図 6.6）．

　これは薄い版を模した粘土板に割りばしを使い，実際に楔形文字を研究している教授の指導の下で，参加者自身が楔形文字を粘土版に刻んでみるというワークショップである．

　さらに鉛筆から筆，ペンまで様々な筆記用具と，パピルスから和紙，ホワイトボードに至る様々な「書かれる道具」とを陳列し，文字が「書くものと書かれるものとの『摩擦』によって決まること」を体験するワークショップ

である．この体験をしてから実際に展示ケースに入った歴史的な資料を観察した参加者は，「達筆だ！」とその整然とした文字の配列に気がついたり，2000年近くの歳月を越えて現代にひも解かれたその念の深さへの想像力を働かせることができたりした．

6.4.4 手がかりを共有する

最後に展示の過程そのものを共有する事例について紹介する．これは2011年11月16日から12月4日まで開催された特別展 INCLUSIVE DESIGN NOW2011 の紹介である．この展示では，様々なインクルーシブデザインに関する事例展示そのものをインクルーシブにデザインすることに挑戦した．インクルーシブとは「包摂する」，あるいは「巻き込む」という意味で，多様な個性や能力をもつユーザの参加によって社会の革新（イノベーション）をめざすデザイン手法である [15]．専門家だけではなく，多様な人が製品やサービスの開発プロセスに参加することで，デザインがより幅広く，魅力的で，私たちの暮らしに変化をもたらすことが期待される手法である．本展示では，京都大学のほかに英国王立芸術学院，金沢美術工芸大学，九州大学，尊厳のためのデザインリサーチプロジェクト，オムロンヘルスケア株式会社，コクヨファニチャー株式会社，studio-L など14のプロジェクト，35の製品やサービス提案などが展示された．

インクルーシブデザインの特徴は，当事者をデザインプロセスに巻き込むことと，デザインプロセスそのものを共有する仕掛けを用意することである．そこで，来館者自身を展示の当事者として巻き込み，見やすさ見にくさなど展示に関する気づきを付箋紙に書き出し，ワークショップを連日開催しているかのごとく実際に展示会場に貼付してもらった．また展示会場中央にはある大学生の下宿をまるごと移設し，何気ない日常生活に対するデザインリサーチャーの観察の視点を来館者と共有する展示も実施した．インクルーシブデザインにおいては，高齢者や障害のある人など，これまでデザインのメインターゲットから排除 (Exclude) されてきた特別なニーズを抱えたユーザにとって当たり前の行動が，他の参加者の先入観を払拭させる気づきを生み出す．視覚障害や聴覚障害，車イスユーザなどをリードユーザとして迎え，それ以外にデザイナやエンジニア，研究者，学生ら多様な分野の参加者でチームを構成して，展示の鑑賞という行動観察を行う．そして大学博物館の役割の1つとして「研究展示そのものの研究」ができる点を最大限活用

図 6.7 「お手を触れないでください」をデザインし直す

し，得られた意見は速やかに会場設営にも反映させて日々変化する展示とした．

　ユニバーサルデザインの基準に合わせて設置した展示台におかれたハンドアウトは，実際の車いすユーザにとっては腕の高さが水平すぎて薄いハンドアウトを掴みにくいという課題が見つかり，すぐに異なる2つの高さの展示台に変更された．目の見えない来館者からは展示品に触れたいというリクエストがあった．晴眼者からは「展示品には手を触れないでください」というメッセージがきつく感じる，という声があった．博物館においての第一義は展示品の保存・管理である．展示品の保護を大前提に，そのうえで来館者にしっかりと鑑賞してもらいたい．そこで早速，「世界に1つしかないので，お手を触れないでください」，「鋭利な部分があるので，お手を触れないでください」といった触れられない理由を可視化することで，禁止サインの心理的な負担の軽減を図った（図6.7）．

　この展示ワークショップでファシリテータを務めた，日本でのインクルーシブデザイン普及の第一人者であるジュリア・カセムは，「障害のある人」の定義が，Disable person から Disabled person へと規定し直すデザインの姿勢の変化が重要だと指摘する[5]．それはプロダクトやサービスが特定のユーザに届かなかった場合に，その責任を不十分なデザインによって Disabled（できなくさせられた）人と解釈することで，デザインする側で改めて引き取るという姿勢である．何かができない，という状況を個々人の課題としてすませるのではなく，デザインの課題として引き受けることが特徴である．

　これは展示についても同じことが言えるという意味である．研究者や学芸員が知り得たことと，来館者が知りたいこととのあいだにはまだ溝があって，これまでは来館者にその解釈を委ねてきた．しかし，展示者側からもその展示デザインいかんによっては，来館者のより主体的な学びを引き出せる余地が残っており，その1つとして手がかりのデザインという観点が極め

[5]「障害のある人」の定義は，他にも challenged や handicapped person など，時代時代に合わせて様々に言い換えられてきているが，そのいずれもすべての要求を満たせてはいない．しかし，Disabled という受動態としての読み替えは，社会の側でその課題を引き取る大きな視点転換の一つとして注目すべき定義の1つである．

て示唆に富む．

6.5 不便益から見た手間の価値

手がかりのデザインには，認知的な手がかり以外にも，ノーマンが提案するような社会的シグニファイアと呼ぶ，他者の活動が残す副産物的な痕跡もある [12]．

誰もいないプラットフォームは目当ての電車が出発した直後であることを示唆する社会的サインであり，玄関口の見慣れない靴は誰か来客がいることを示唆する合図でもある．2016 年 4 月に実施した睡眠展では，展示室の中心に人工芝の空間を用意し，最先端のベッドや多様な民族の枕，蚊帳など様々な学術的視点から睡眠にまつわる研究展示を実施した．この中で展示室中心に設置された人工芝の空間は，靴を脱いでもらって誰でも自由にくつろいでもらうスペースとして設計された．しかし，ここでは明示的な土足禁止サインではなく，新品の靴を最初から一足置いておくという社会的シグニファイアを利用したサインとした．この手がかりは奏功し，多くの来館者は自発的に靴を脱いだが，外国人来館者には通用せず，社会的シグニファイアが言葉にできない生活習慣の差異から色濃く影響を受けていることを痛感した事例でもある（図 6.8）．

不便益システムとしての設計論においては，主体的な学びにつながる手がかりがいかに環境の中に埋め込まれているか，そのデザインが重要となる．本章では，その手がかりを減らす，隠す，手で触れる，共有する，といった様々な仕掛けで，主体的な学びを目指した博物館での展示事例を紹介した．

しかし，この社会的シグニファイアの事例からもわかるとおり，一方の人にとっては手がかりとなるものが他方の人にとっては発見されないことや，多くの人にとって手間のかかることであっても特定の人にとっては手間とし

図 6.8 社会的シグニファイアを活かした展示

て感じられることもない場合がある．1つの方法で，すべての人に対応できるような万能の策を見い出すことは容易ではないが，多様な一般公衆に向き合うという意味においては多様な手がかりを生み出すデザインの引き出しを多く持つことも重要である．

　来館者にとっては，その希少性から国宝や重要文化財など社会的評価を得ている収蔵品に関心があることも多い．他方，学芸員にとっては，いずれの収蔵品にも優劣なく興味深いエピソードがあることを知っており，来館者にはできるだけすべての収蔵品を同じように楽しんでもらいたいと考えている．このギャップをただただ収蔵品を陳列するだけで埋めることは難しい．スマートフォンやタブレットなどを通じて，いつでもどこでも便利に膨大な情報に触れられるこの時代に，博物館や美術館が果たすべき役割はこの手がかりの多様さと学びのための手間を環境全体に埋め込んで来館者を迎えることではないかと考える．

第6章　関連図書

[1] British Museum (http://www.britishmuseum.org/).

[2] Sood, A., "Explore museums and great works of art in the Google Art Project." Google. 01 Feb 2011. 2 May. 2012.(http://googleblog.blogspot.com/2011/02/explore-museums-and-great-works-ofart.html), 2012.

[3] Amsterdam Museum (https://www.amsterdammuseum.nl/)

[4] Henkel, L.A., Point-and-Shoot Memories: The Influence of Taking Photos on Memory for a Museum Tour, *Psychological Science,* Vol.25, Issue 2, pp.396-402, 2014.

[5] 川上浩司, 『不便から生まれるデザイン：工学に活かす常識を超えた発想』, DOJIN 選書, 2011.

[6] 塩瀬 隆之, 本吉 達郎, 戸田 健太郎, 川上 浩司, 片井 修, 手間の可視化が技能継承にはたす役割の理論的分析, 『ヒューマンインタフェース学会論文誌』, 8,4,487-496, 2006.

[7] Dean, D., (原著), 北里 桂一, 山地 秀俊, 山地 有喜子（翻訳）,『美術館・博物館の展示—理論から実践まで』, 丸善, 2004.

[8] 高橋雄造, 『博物館の歴史』, 法政大学出版局, 2008.

[9] Murray, D., Museum: *Their history and their use*, 1904.

[10] Screven, C.G., Educational Evaluation and Research in Museums and Public Exhibits: A Bibliography, Curator: *The Museum Journal,* 27, Blackwell Publishing Ltd, 1984, pp.147-165, 1984.

[11] George, E.H., Learning in the Museum. *Routledge*, 2002.

[12] ノーマン, D.A. 著, 伊賀聡一郎, 岡本明, 安村通晃訳, 『複雑さと共に暮らす』, 新曜社, 2011.

[13] 塩瀬隆之, 元木環, 水町衣里, 石河 栄祐, 川上 浩司, 博物館の展示鑑賞者の注意をひきつけるひねったキャプションに関する研究, 『計測自動制御学会システム・情報部門学術講演会講演論文集』(CD-ROM), 2E2-2, 2010.

[14] 塩瀬隆之, 元木環, 水町衣里, 戸田健太郎, 『科学技術 X の謎』, 化学同人, 2010.

[15] カセム, J., 平井 康之, 塩瀬 隆之 編著,『インクルーシブデザイン：社会の課題を解決する参加型デザイン』, 学芸出版社, 2014.

第7章
〈弱いロボット〉と人との インタラクションにおける不便益

　お掃除ロボットは部屋の中を勝手に動きまわり，床の埃をかき集めてくれるとても便利なものだけれど，しばらく一緒に生活してみると，その〈弱さ〉も気になってくる．コードを巻き込んでギブアップしたり，玄関の段差から落ちるとはい上がれない．テーブルと椅子に囲まれ，その袋小路からなかなか抜け出せない．そんな性格を把握すると，わたしたちはそのスイッチを入れる前に，思わずコードを束ねたり，椅子を並べ替えたり……．その結果，部屋のなかはとてもきれいに片づいているのだ．

　この部屋をきれいにしたのはいったい誰なのかを考えてみても面白い．このロボットの〈弱さ〉は，わたしたちの優しさや工夫を引き出すとともに，部屋を一緒にきれいにするという達成感をも与えてくれる．本章では，こうした〈弱いロボット〉研究の周辺にある「不便益」について紹介してみたい．

7.1 はじめに

本書のテーマである「不便益」という言葉に接した時に，始めに思い浮かんだのは，物理学者，そして随筆家としても知られる寺田寅彦の「科学者とあたま」という文章 [1] である．それは，次のような出だしから始まる．

> 私に親しいある老科学者がある日私に次のようなことを語って聞かせた．
> 「科学者になるには『あたま』がよくなくてはいけない」これは普通世人の口にするひとつの命題である．これはある意味では本当だと思われる．しかし，一方でまた「科学者はあたまが悪くなくてはいけない」という命題も，ある意味でやはり本当である．そうしてこの後の方の命題は，それを指摘し解説する人が比較的に少数である．

科学者として日々の研究活動を進めていくうえで，「論理の連鎖のただ一つの環をも取り失わないように，（一部省略）正確でかつ緻密な頭脳を要する」のは明らかなことだろう．その一方で，「……尋常茶飯事の中に，何かしら不可解な疑点を認めそうしてその闡明に苦吟するということが，（一部省略）科学的研究に従事する者にはさらにいっそう重要必須なことである」とし，「この点で科学者は，普通の頭の悪い人よりも，もっともっと物分かりの悪い呑み込みの悪い田舎者であり朴念仁[1)]でなければならない」と指摘する．「田舎者で，朴念仁かぁ……なんと勇気づけられる言葉だろうか」との思いをした人も多いことだろう．それに続く一つ一つの解説も，そのまま「不便益」の議論に当てはまりそうなものばかりなのである．

「いわゆる頭のいい人は，いわば脚の早い旅人のようなものである．人よりもさきに人のまだ行かない所へ行き着くこともできる代りに，途中の道傍あるいはちょっとした脇道にある肝心なものを見落とすおそれがある」，あるいは「頭のいい人は，いわば富士の裾野まで来て，そこから頂上を眺めただけで，それで富士の全体を呑み込んで東京へ引き返すという心配がある．富士はやはり登って見なければ分からない」などの指摘は，本書の編者でもある川上浩司らの「不便益」の解説 [2] のなかでもときどき登場する「登山はたいへんなものでしょうと，富士山にエレベータをつけたらどうか」とい

[1)] ちなみに「朴念仁」とは，物分かりの悪い頑固な人のこと．本来は，飾り気のない素朴な考えの人を指す言葉であったようだ．かつての研究者には，この「朴念仁」というニュアンスにぴったり当てはまりそうな人も多かったような気がする．「携帯電話なんぞ，わたしは持たない！」と，その不便益についての論を展開する人から，本来の意味である「飾り気のない素朴な考えの人」まで……．

う議論や,「あえて詳細なルート情報を提供しない観光ナビ」などの提案に重なるもののように思う.

もっとも,「それで,研学の徒はあまり頭のいい先生にうっかり助言を請うてはいけない.きっと前途に重畳する難問を一つ一つ虱潰しに枚挙されてそうして自分のせっかく楽しみにしている企画の絶望を宣告されるからである」というように,この随筆の詳細を述べるのはこの辺りまでにしたい.この随筆の面白さや味わい深さというのは,読者として実際に読んで感じていただかないことにはわからないのである.機会があれば,ぜひご自身で手にとっていただければと思う.

「不便益」の観点から言えば,これらの内容を手短にまとめてしまうのも気が引けるけれど,要は「科学者はあたまが悪くなくてはいけない」と,その呑み込みの悪さが科学者にとって必須の要件であることを様々なたとえを引きながら説いているものなのである.

7.2 身体に本源的に備わる制約と不便益

寺田寅彦の指摘する,「物分かりの悪さ」「呑み込みの悪さ」に起因する研究者にとっての「不便益」に加え,わたしたちの「身体」も,ある意味で不便なもの,厄介なものであり,そのことからむしろ多くの価値を生み出しているように思われる.これはどのようなことだろう.

わたしたちの「身体」とは,どのようなものなのか…….ロボット作りの参考にと,周囲の人の「身体」というものをまじまじと眺めてみる.そこには手足などの肢体や頭があり,その顔には目も鼻も口ある.とりわけ手や指,そして目というのは精巧に作られており,とても器用に動くのだ.それはキカイキカイしたロボットとは比較にならないものだろう.この不自由なく見える「身体」に,不便なところなどはあるだろうか.

観察者の立場から他の人の「身体」を眺めるだけでなく,今度はわたしたちの内なる視点から自らの「身体」を眺めてみよう.すると外から見ていたのとは違うもう一つの身体の姿が見えてくるのだ.エルンスト・マッハが試みたように,「自分の左目から見える自らの身体の姿」を実際に描いてみたい.

わたしたちの内なる視点からでも,自分の足や下半身はよく見える.それと胴体の両脇から2つの腕が出ており,それぞれの先には手と指がついて

図 7.1　左目から見た自画像（マッハの絵）

いる．右手はテーブルの上でマウスを握っており，左はキーボードの上にそっと置かれている．と，ここまでなんとか描けるのだけれど，自分の顔のところを描こうとして手が止まってしまう．そこには肝心の「顔」がすっぽり抜け落ちているのだ．

　自分の「身体」の一部なのに，自らの内なる視点からは，その「顔」は見ることができない．いまどんな顔つきでいるのか，どのような表情で他の人と接しているのか，自分では知ることができない．あらためて考えてみると，なんと「不便なこと」だろう．

　このことは「自分らしさ」についても当てはまるものだ．就職面接などで，「あなたらしさって，どんなところにあると思いますか？」などとあらためて問われると，ちょっと戸惑ってしまう．自分らしさやアイデンティティというのも，自分ではなかなか自覚しにくいものだろう．

　そんな風に考えてみると，わたしたちの「身体」というものを外から眺め

ていたのとは違って，それは意外にも「不完結なもの」であり，むしろ「外に開いたもの」と言えるだろう．自分で所有しているはずなのに「自らのなかで閉じていない」というのは，とても「不便なもの」「厄介なもの」のように思われるのだ．

ただ，わたしたちの「身体」というのは，ここで「不完結なもの」として手を拱いているだけではないようなのだ．こうした不便さを上手に生かしながら，新たな価値を見い出しているようなのである．

たとえば，子どもがつかみ立ちをはじめ，おぼつかない一歩を繰り出そうとするとき，その「一歩」の意味や価値はまだ不完結なものだろう．それでも「どうなってしまうかわからないけれど……」という面持ちで，とりあえずその一歩を地面に委ねてみる．すると地面はその期待を外すことなく，そっと支えてくれるのだ．そんな繰り返しのなかで，地面からの反力を上手に利用しつつ，いつのまにか身体のバランスを維持しながら歩けるようになる．

この効率的な「動歩行モード」[2]というのも，「自らのなかに閉じたものではない」という身体にまつわる制約から生まれてきた効用の一つなのではないだろうか．つまり，「わたしたちは地面の上を歩く，と同時にその地面がわたしたちを歩かせている」というような地面との動的なカップリングは，自らの身体に本源的に備わる制約（＝不便さ）から自然な形で導かれ，そこで生み出された新たな価値（＝不便益）に思えるのである．

こうした観点から見れば，わたしたちの身体にまつわる「不便益」として，他にもいくつか指摘できるように思う．いわゆる「生態学的な自己 (ecological self)」や「対人的な自己 (social self)」の獲得と呼ばれるように，わたしたちは周囲の環境や他者との切り結びのなかで自らの身体イメージや自己イメージを見出しているのだという [3]．「自らの内なる視点からは，自分の顔は見えてこない」という身体的な制約（＝不便さ）は，必然的に他者との関わりを求めるようになった．その意味で，他者との関わりや「社会」というのも，自らの身体に備わる「不完結さ＝不便さ」に起因したものとは言えないだろうか[3]．

それと対面的な相互行為には「賭け」を伴うのだという．ちょっとドキドキしつつも，向こうから近づいてくる知り合いに「おはよう！」との言葉を繰り出してみる．でも，その相手が気づかずに通り過ぎるならば，その言葉の意味は宙に浮いてしまうことだろう．

[2] この「動歩行モード」に対して，「静歩行モード」という言葉がある．半ば地面に委ねつつ，その力を借りてダイナミックなバランスを維持するのとは違い，すべて自分のなかで責任を持とうとする．でも，その動きはカクカクした「ロボットのようなもの」になってしまう．その意味で，この歩行の際の地面との動的なカップリングなどが「生き物らしさ」を生み出しているように思われる．

[3] よくよく考えるなら，「自分の顔なのだけれど，自分から見えない．でも，他人からはちゃんと見える」という，このちょっと捻じれた関係は面白い．いずれにせよ，自らの「弱さ」を自覚することから，他者との関わりが生まれた，社会が生まれたのではないかという仮説は，ちょっと大胆だけれど，それほど的外れなことではないと思う．

その「おはよう！」は相手からの何らかの応答をえて，初めて「挨拶」としての意味や価値が立ち現れてくる．わたしがいま「話し手」という参与役割を得ているのも，その相手が「聞き手」となってくれているためであり，自らのなかでその意味や役割を完結できない．そうした制約を抱えつつも，この他者との切り結びのなかで豊かな意思疎通を実現しているのである．これも「不便さ」のなかから生まれた「豊かさ」なのだろうと思う．

この他にも，わたしたちの「身体」はいくつかの本源的な「制約」をまとっているように思われる．その1つは，「わたしたちの内なる視点からは，鳥瞰的な視点を取ることができない」ということだろうか．目の前の事柄に対して客観視できず，様々な思い込みをしてしまうことも多い．個々に思い込んだ者同士がときどき諍いをするように，こうした視点の「ずれ」の存在が他者とのコミュニケーションを駆動している．あるいは言論における多様性を維持しているとも言えるだろう．

加えて時間軸についても，同様のことが指摘できそうだ．わたしたちには明日のことはわからない．天気予報のような予測技術も進展しているけれど，自らの明日の出来事を詳細に予測することはできない．「どうなってしまうかわからないけれど……」との思いで，とにかく一歩を進めるしかない．そのような「明日のことは見えない」という制約は，ある意味で「希望」ということにもつながる．明日の出来事を正確に予測できる便利な装置があるなら，ドキドキしつつ，とりあえず進んでみようという気にはなれないことだろう[4]．

7.3 関係論的な行為方略を備えた〈ゴミ箱ロボット〉

生態心理学では，いわゆる生態系 (eco-system) のアナロジーから，わたしたちの「身体」とそれを取り囲む環境とが「一つのシステム」を作り上げている点に着目してきた [4]．「わたしたちは街のなかを歩くと同時に，その街の景観や人の流れ，地面などがわたしたちを歩かせている」という感覚である．あるいは「わたしたちの身体を動かすには，その包囲光配列を動かし，わたしたちの身体を止めるには，その包囲光配列の動きを止めればいい」とは，生態心理学を生み出したジェームズ・ギブソンのいう視覚性制御の考え方である．

何気ない一歩と地面とのカップリングが「動歩行モード」という効率的な

---

[4] これは本章の最初に取り上げた寺田寅彦の随筆のなかにある，「それで，科学の徒はあまり頭のいい先生にうっかり助言を請うてはいけない．きっと前途に重畳する難問を一つ一つ虱潰しに枚挙されてそうして自分のせっかく楽しみにしている企画の絶望を宣告されるからである」という指摘と重なる．「明日のことは見えない」という制約は，わたしたちが生活を営んでいく上で，あるいは研究を進めていく上で，とても大切なものなのだと思う．

歩き方を見い出したように，わたしたちの「身体」に備わる制約を生かしながら，周囲との間で「一つのシステム」を作り，そこで様々な価値ある行為（＝不便益）を生み出しているようなのである．

　生態心理学のコミュニティでは，こうした見方を安易にソーシャルな領域に当てはめることに慎重なのだけれど，あえて「社会的な環境としての他者」との関わりに展開してみても面白い．比較的わかりやすいのは，日々の暮らしのなかでの養育者と乳児とのなにげない関わりだろうか．

　おかあさんの胸のなかに抱かれた乳児は，そこでは何もできないような「弱い存在」だろう．ところがちょっとぐずりながらも，周囲からの手助けを上手に引き出しつつ，必要なミルクを手に入れてしまう．あるいは行きたいところにも移動できてしまう．

　自らの能力の不完全さを，周囲を味方につけ，そこで「一つのシステム」を作りながら補っている．自らではなにもできないという制約（＝乳児の弱さ，乳児にとっての不便さ）は，養育者とのソーシャルなカップリングを生み出し，結果として「関係論的な行為方略」というものを選択している．乳児の身体に備わる「不完結さ」や「弱さ」は，周囲の人とのソーシャルな関係を生み出す上で1つの動因となっているようなのである．

　こうした養育者と乳幼児とのソーシャルなカップリングをヒントに，人とロボットとの共生的な関わりを捉え直せないものか……．本章の筆者らの進めてきた〈弱いロボット〉の研究 [5][6] は，ロボットそのものに備わる「不完結さ＝弱さ」を，他者とのソーシャルな関係を指向することで克服しようとする点に特徴がある．

　たとえば，「ゴミを拾い集めるようなロボット」を作ることを考えてみたい．このゴミを拾い集めることを実現するには，基本的に2つのアプローチがあるだろう．1つは，「ロボット自身でゴミを探し，それを拾い集める」というもの，もう1つは「周りの人の手を借りながら，結果としてゴミを拾い集めてしまう」というものである．

　「誰かの手を借りたのでは，自律したロボットとは言えない」というわけで，多くの自律的なロボット研究では，「誰の手も借りずに，ひとりでゴミを拾い集める」ことを目指してきた．いわゆる，個体として「ゴミを拾い集める」ための機能を自己完結させた「個体能力主義的な行為方略を指向したロボット」である．

　しかし高度なセンシング技術や制御技術を集めたロボットであっても，そ

の内情をいえば，まだひ弱なものだろう．目の前に落ちているゴミを拾うのでも，実環境で不特定のゴミを見つけ出し，それをつまみ上げるだけでも，火星などで鉱物を採取するのと同様の技術を必要とする．「それは不要なゴミなのか，それはまだ利用できるものなのか」という価値判断まで含めようとすると，まだまだ手に負えそうもない．

これまでの技術開発では，「こういう技術の隙間をどう埋めるか」を競い合ってきたところがある．ユーザからの「もっと，もっと」という要求に合わせて様々な機能を追加していく．この「足し算のデザイン」によって，ユーザの「利便性」もどんどん向上するという図式である．その一方で，こうした機能追加主義においては，「わたしたちの関わる余地を奪ってきた」という側面もあるだろう[5]．

ゴミを拾い集めるロボットを実現するための，もう1つのアプローチは，「ゴミを拾うのが難しければ，その周りにいる子どもたちに拾ってもらえばいいのではないか」「ゴミを分別するのが難しければ，これもその周りにいる子どもたちに手伝ってもらおう！」というような，他力本願ともいえる方略である．そうすると，ゴミを分別するための高感度のセンサーやゴミをつまみ上げるためのアームなど，いろいろな要素をそぎ落とすことができる．これまで「引き算のデザイン」とか，「チープデザイン」と呼んできたものである．

当然のことながら，「人の手を借りるのであれば，それはもはや自律したロボットとは言えないではないか」「ただゴミを拾ってもらうなら，普通のゴミ箱とどこが違うの？」という指摘もあるけれど，「他者との関わりを指向するソーシャルなロボットの研究」として捉えるならば，とても素直なアプローチに思えるのである．

そのポイントは，いかにして機能の「隙間」や「余白」をデザインするのか，人の参加する「余地」をデザインするか，ということだろう．「引き算」によって，個体としての機能はチープなものとなるのだけれど，むしろ周囲との関わりはより豊かになることが期待できる．そのことで，子どもたちを味方につけながら，結果として「ゴミを拾い集めてしまう」「ゴミを分別してしまう」ことを果たしてしまう，そんな可能性も広がるのである．

それと，「どこか不完全だけれど，なんだかかわいい，放っておけない」という感覚も重要なのだろう．「思わず手伝ってしまう，思わず助けてしまう」というのは，ただ「隙間」や「余白」のデザインから生まれるものでは

---

[5] これを言いだすといささか混乱してしまうのだけれど，「高度なシステムになるほど，わたしたちはそのシステムと関わりにくくなってしまう．疎遠になってしまう」というのも，一種の不便さなんだろうか．それをさらに克服した暁には，もっとシステムと人との親和性が高くなって，その不便さは解消されるものなのか……．でも，手のかかるシステムのことを，この章では「不便さ」と言いたいんじゃなかったの？あっ，やはり，こうしたことは言いだすものではなかったのかもしれない．

ない．ロボット自身も，懸命に取り組んでいるけれど，上手にできない．そんな〈弱さ〉を開示し，周りと共有することも必要なのである[6]．

こうしたアプローチに基づく〈ゴミ箱ロボット〉[7] を，子どもたちの集まる公共施設の広場などで動かしてみると，いくつか興味深い振舞いを観察できる．

普通は，ロボットを子どもたちの遊びの場で動作させる際には，子どもたちにぶつかって怪我をさせないようにと細心の注意を払う．衝突を避けるためのセンサーや緊急停止ボタンなどは欠かせない．ところがこのロボットの場合，そうした心配は無用であった．〈ゴミ箱ロボット〉のヨタヨタした振舞いもあって，むしろ子どもたちがこのロボットにぶつからないようにと配慮してくれるのである．

この〈ゴミ箱ロボット〉は，「子どもたちのなかに上手に入り込んでいる」という個体能力主義的な見方もできるけれど，その一方で関係論的には「結果として，子どもたちに受け入れられている」「ぶつからないで歩くという行為を一緒に組織している」と捉えることもできる．

〈ゴミ箱ロボット〉の振舞いとその解釈についても，同様のことが言えるだろう．このロボットは，広場のなかをフラフラと移動したり，子どもたちにゴミをねだるようにして，時折，その上体を傾けるような動作をする．「実際にゴミを探しながら歩いているわけではない」にもかかわらず，その様子を見ていた子どもたちは「ゴミを探しているのではないか……」と勝手に推し量り，ゴミを辺りから探してきてくれる．その解釈を子どもたちに委ねつつ，一緒にその意味を作り上げているのである．

同様に「上体をかがめる動作」に対しては，うつむきながら「ゴミを探している」という解釈を引き出すこともあれば，「ゴミを入れて！」という振舞いとして映ったり，あるいはゴミを入れてあげた後では「ゴミを入れてくれて，ありがとう」というお礼をしているような解釈を引き出すこともある．「自らはその意味を完結できない」という制約を把握しているわけではないけれど，周囲の人にその解釈の一部を委ねつつ，それぞれの状況のなかで一緒に意味を構成しているのである．

子どもたちの積極的な手助けや解釈を引き出すだけでなく，そこで新たな工夫を引き出すこともある．3つの〈ゴミ箱ロボット〉をつかず離れずに群れとして動かしてみると，その周りにいた子どもたちは，「この赤いロボットは，燃えないゴミ用だよ！」と言いつつ，それぞれの〈ゴミ箱ロボット〉

[6] この「余白」をデザインする，人の参加する「余地」をデザインするというのは，そのまま教育の現場にも当てはまるものだろう．大学などでも教師が至れり尽くせり講義の準備をすればするほど，学生はどこか受け身になってしまい，豊かな学びから遠ざかってしまう．学生の主体的な参加を引き出すには，〈弱いロボット〉ならぬ，〈弱い教育〉ということをもっと真剣に議論していく必要があるだろう．

図 7.2 〈ゴミ箱ロボット〉と子どもとの関わり

の役割を勝手に決めて，ゴミの分別を始めたりする．

机上では「ゴミの分別が難しければ，周りの子どもたちに分別してもらえばいい……」と漠然と考えていたけれど，そんな子どもたちの工夫を自然な形で引き出す場合もあり，とても興味深いのである．

7.4 〈ゴミ箱ロボット〉にまつわる不便益とは？

これまでの「不便益」に関する議論の多くでは，その道具の使用やサービスに対して不便さを感じつつ，そこから生まれるメリット（＝不便益）を得ている主体は，その道具やサービスを利用する人であった．

その一方で，ややソーシャルな性格を帯びつつある〈ゴミ箱ロボット〉とわたしたちとの関わりを考える際には，人とロボットの双方での「不便益」について議論できるように思われる．つまり，ちょっと手のかかる〈ゴミ箱ロボット〉と関わる際の子どもたちにとっての「不便益」がある一方で，自らはゴミを拾えないという〈ゴミ箱ロボット〉の備える不完結さ（＝不便さ）から生まれる，ロボットにとってのメリット（＝不便益）である．

ただ，この〈ゴミ箱ロボット〉はまだ自らで価値判断を行えるものではな

いという意味で，ロボット自身が「不便さ」とか「メリット」を感じているわけではない．それでも，その機能の不完結さが周囲の子どもたちの手助けを引き出し，「ローテクにもかかわらず，いやローテクだからこそ，当初のゴミを拾い集めてしまうという目的を果たしてしまう．それ以上の価値を生み出してしまう」というメリットは存在するのである．

あえて工学的な観点からいえば，「引き算のデザイン」ということもあり，このロボットの構成はシンプルであり，部品点数も少ない．そのことで故障しにくいという特徴も生まれてくるだろう．またロボットの表情や振舞いも限定的であり，そうした制約がむしろ周囲の人の積極的な解釈を引き出しているとも言える．

「まだ〇〇ができない」「こんな表現がうまくできない」という機能の〈隙間〉を埋めるのではなく，むしろ〈隙間〉や人の関わる〈余地〉をデザインすることで，その〈不完結さ〉や〈弱さ〉をメリットに変えている．〈ゴミ箱ロボット〉に限らず，筆者らの〈弱いロボット〉のデザインにおいては，そうした側面があるようなのである[7]．

一方で，この〈ゴミ箱ロボット〉と関わっている子どもたちにとっての「不便益」とはどのようなものなのだろう．公共施設の広場などで，子どもたちの様子を眺めていると，「手間のかかるロボットだなぁ……」と思いつつも，そのロボットの世話することそのものを楽しんいるようだ．どの子どもたちも「ゴミを拾ってあげるのも，まんざら悪い気はしない」という面持ちなのである．これは，「手のかかる子どもほどかわいい」という養育者たちの心境に近いものなのだろう．

わたしたちは誰かに手伝ってもらえた時にうれしく思うけれども，その一方で，誰かの手助けとなれたり，一緒に何かを達成できた時もうれしく感じる．

〈ゴミ箱ロボット〉に対しても，ゴミを拾ってあげることで，ゴミを拾い集めるというロボットの機能が完結するという一方で，わたしたちもそのロボットを助けることのできる者として，このロボットとの関わりのなかで価値づけられるという側面もある．「相互構成的な関係」と呼ばれるものだけれど，人とロボットの双方に生まれるメリットという意味で，これも「不便益」の一つの姿と考えられる．

加えて，子どもたちの学びやロボットの学習における双対な関係という側面を考えてみても面白い．〈ゴミ箱ロボット〉は，それぞれの状況のなかで

[7] この〈弱さ〉のデザイン，〈弱いロボット〉のデザインという言葉は注意して使用する必要がある．「本来は，ちゃんとできるのに，弱いふり，できないふりをする」というのは，人に対して「欺く」ことや，いわゆる「あざとさ」と背中合わせでもある．本来，〈弱いロボット〉のコンセプトは，わたしたちの身体に内在する制約，つまり「自分の顔なのに，自分の内側からは見えない」という制約から生まれてきたものである．それはデザインしようとしまいと，その身体に本源的に備わったものである．その意味で，新たな〈弱いロボット〉を生みだす，デザインしていく上では，生態学的な妥当性を外さないことがポイントになると考えている．

どのような振舞いをすれば，子どもたちからの手助けを上手に引き出すことができるのか．こうした試行錯誤のなかで，ロボットなりの社会的なスキルを見い出すことができる．その一方で，子どもたちも〈ゴミ箱ロボット〉との関わりのなかで，ゴミを拾い集めることの楽しさや手助けできていることの満足感や小さな誇り，手伝うためのコツのようなものを見い出していることもあるだろう．

子どもたちは自分一人で学ぼうとするよりも，自分よりも目下の面倒を見る方が懸命になれ，そのことで学んでしまうのだという．いわゆる Protégé Effect と呼ばれるものである．あるいは，発達心理学の鯨岡峻 [8] が「関係発達論」として指摘するように，「子どもの世話をしていたら，結果として養育者も一緒に成長していた」ということがある．ちょっと手のかかる〈ゴミ箱ロボット〉は，子どもたちの積極的な手助けを引き出しつつ，同時に子どもたちに「学びの場」を提供していると言えるだろう．

7.5 まとめ

本章では，ちょっと手のかかる〈ゴミ箱ロボット〉と子どもたちの関わりを手がかりにして，筆者らの〈弱いロボット〉研究の周辺にある「不便益」ということを紹介した．

この〈ゴミ箱ロボット〉にしてみれば，「自分でゴミを拾うのが大変ならば，他の子どもたちに手伝ってもらえばいいのではないか」ということなのだけれど，こうしたアプローチの転換というのはなかなか容易なことではない．自律的なロボットの研究分野に限らず，わたしたちもまた「ひとりでできる」ことをよしとする文化のなかで育てられ，それを目指してきたところがある．誰かの手を借りることや「ひとりでできないもん！」と弱音を吐くことさえはばかられる社会でもある．

ただ，わたしたちの「身体」というものをあらためて捉え直すなら，それは「不完結なもの」であり，「外に開いたもの」なのではないか．そうした制約下にあって，周りの環境や社会的な環境である他者と上手に「一つのシステム」を作っているものなのではないか．そんな風に考えてみると，「あっ，人の手を借りちゃってもいいのか……」というわけで，少しだけ肩の荷が下りるような気がしてくる．そもそも，他者を指向するソーシャルなロボットの研究なのだから，「すべてをひとりで……」という個体能力主義的な

アプローチにこだわる必要もなかったのだろう．

　この〈ゴミ箱ロボット〉と子どもたちとの関わりを眺めてみると，ただ子どもたちの手を借りているばかりではない．子どもたちにしてみれば，「なんて手間のかかるロボットたちなの？」と思いつつも，どこか誇らしげなのである．その〈ゴミ箱ロボット〉とのコミュニティに参加し，なんらかの貢献ができている，そんな感覚も芽生えていたのだろう．ちょっと手間のかかる「不便さ」というのは，人とロボットとの間でも「持ちつ持たれつ」の豊かな関係性をもたらしたのである．

　本章の最初に紹介した寺田寅彦は，今でいう「複雑性の科学」に早くから着目していた物理学者としても知られている．本書の「不便益」に関する議論の多くも，「不便さ」や「不完結さ」から引き出された他との豊かな関わり，そこから生まれる意味や価値という意味で，いわゆる「関係性の科学」における〈創発性〉とも大きく関わっているように思われるのである．

第 7 章　関連図書

[1] 小宮豊隆（編），『寺田寅彦随筆集（第 4 巻)』，岩波文庫，岩波書店，1963．

[2] 川上浩司，『ごめんなさい．もしあなたがちょっとでも行き詰まりを感じているなら，不便をとり入れてみてはどうですか？～不便益という発想』，インプレス，2017．

[3] 板倉昭二，『自己の起源 比較認知科学からのアプローチ』，金子書房，1999．

[4] 佐々木正人，『新版 アフォーダンス』，岩波科学ライブラリー p.234，岩波書店，2015．

[5] 岡田美智男，『弱いロボット』，シリーズ ケアをひらく，医学書院，2012．

[6] 岡田美智男，『〈弱いロボット〉の思考 わたし・身体・コミュニケーション』，講談社現代新書 2433，講談社，2017．

[7] Yamaji, Y., Miyake, T., Yoshiike, Y., De Silva, R.P, and Okada, M., STB: Child-Dependent Sociable Trash Box, *International Journal of Social Robotics*, **3(4)**, pp.359–370, 2011.

[8] 鯨岡 峻，『関係発達論の展開 初期「子ども―養育者」関係の発達的変容』，ミネルヴァ書房，1999．

第8章
観光と不便益

　本章では，レクリエーションの1つである観光における不便益について述べる．観光とは観光者が日常生活圏とは異なる場所を訪れて，現地との触れあいを自由気ままに楽しむためのもので，そもそも便利も不便もないのではないか，観光の便利はあったとしても，不慣れな地で不便で良いことなどないのではないか，と思う読者もいるかもしれない．そのような読者は観光地で配布されていたり，設置されている観光マップを思い浮かべてほしい．観光スポットが目立つように，観光地の雰囲気を表現するように描かれているあの地図である．特定の観光スポットや観光地を紹介するために作成された観光マップは，はたして便利だろうか．

　本章では，観光マップに隠された不便益について述べ，ここから着想を得た散策観光を楽しむための観光ナビゲーションについて取り組んだ事例を紹介する．

8.1 観光における便利と不便

8.1.1 観光とは

そもそも「観光」とは何か．これがなかなか難しい問題である．たとえば神奈川県横浜市在住ではない人が，以下の行動をしたとする[1]．

- 横浜の観光地である中華街を訪問して散策をする．
- 中華街横にある訪問先へ仕事で向かうために中華街を通る．
- 中華街横にある訪問先へ仕事で向かう合間に中華街を散策し，お昼を食べる．

[1] これらの行動が「観光」であるかどうかを，まず読者自身で判断してもらいたい．人によって答えは様々ではないだろうか．

1つ目の行動は観光と言えそうであるが，2つ目の行動を観光と言う人は少ない．では3つ目はどうだろうか．これに対しては意見が分かれるのではないだろうか．観光の定義については観光学分野でも議論され，これまでに様々なものが提案されている．岡本の著書[1]の第一章にそのいくつかが紹介されている．例を挙げると，エジンバラ大学のF. Ogilvieは，観光の本質は「一時的滞在地において他所で取得した収入を消費すること」としている．この定義に従うと，上の3つはすべて観光であると言える．一方，井上万寿蔵によると，観光とは「人が日常生活圏を離れ，再び戻る予定でレクリエーションを求めて移動すること」としている．上の3つ目の例が観光と言えるか否かはレクリエーションをどう定義するかによるが，井上の定義に従うと少なくとも上の2つ目の例は観光とは言えない．このように観光の定義も様々であるので，本章ではわが国の観光政策審議会が平成7年に示した，「余暇時間の中で，日常生活圏を離れて行う様々な活動であって，触れ合い，学び，遊ぶということを目的とするもの」という定義を参考にする．この日常生活圏外での触れ合い，学び，遊びという行為をまとめて，本章では地域との相互作用と呼ぶ．つまり観光とは，「余暇時間の中で，日常生活圏を離れてその地域と相互作用をすること」と定義する．

8.1.2 観光における便利とは

観光の不便を考える前に，観光の「便利」について考える．すでに第1章で議論したように，不便益を考えることは，技術の進歩や新しいアイデアによってタスク達成に必要な労力を省く便利が与えられることによって，何が失われたかを整理することである．そこで観光の便利を知るために

は，観光形態の歴史を振り返るとよい．観光形態の歴史については山村の論文にまとめられている [2]．1960 年から 1970 年代は発地型観光が主流であった．発地型観光とは，発地，つまり観光者が出発する地にある旅行代理店などが旅行商品を販売し，観光地へ観光者を送客する観光形態である．いわゆるパッケージツアーであり，多くの観光者があらかじめ定められた観光行程に従って観光を行っていた．1980 年代から 1990 年代にはバブル期を経て自治体による観光資源開発が活発に行われ，着地，つまり観光地から観光情報を観光者へ発信し集客する着地型観光へと変化した．その後，2000 年代からは旅人主導の観光へと時代が大きく変化した．インターネット，さらには SNS (Social Networking Service)，モバイル端末の普及がこの変化をもたらしたのである．

　読者の多くも観光をしようと計画する時に，まずは気になる観光地の名前を検索キーとして Web サイトを検索し，観光地に関する情報を収集するのではないだろうか．たとえば，検索サイト Google で「スカイツリー」と検索をすると 1,710 万件の Web サイトが検索結果として得られる（2017 年 4 月現在）．特定の観光スポットだけでなく，たとえば，同じ検索サイトで「京都」と「バスツアー」で検索をすると 226 万件の検索結果が表示される（2017 年 4 月現在）．これらの Web ページには，自治体や観光地，旅行代理店のものもあれば，クチコミサイトや個人が公開しているブログなども含まれる．さらに facebook や Twitter，Instagram に代表される SNS では，各利用者が持っているモノや経験したコトに関する情報を，テキストだけでなく写真や動画を利用して他の利用者と共有することができる．つまり観光地が発する情報だけでなく，他の観光者が実際に購入したモノや経験したコトに関する経験情報を，観光前や観光中に知ることができる．特にクチコミは，実際にその観光地に観光者として訪れた利用者の実経験を知ることができるため，観光者が観光行程を決定する判断に大きな影響を与えている．

　さらにスマートフォンに代表されるモバイル端末の普及が，観光における情報システムの利用を加速させている．観光者はいつでもどこでもネットワークに接続でき，情報の発信，共有，閲覧ができるようになってきている．つまりリアルタイムに新しい情報が発信され，観光者は観光地でこれらをいつでも閲覧することができるのである．観光者は観光地で周辺にある観光スポットとそれに対する最新のクチコミ情報をあらかじめ収集し，訪問する観光スポットを決めると，その観光スポットへの移動時間が最も少ない経

路の案内を地図システムから受けることができるのである[2].

このように，情報技術がもたらした観光への便利は主に以下のとおりであると言える．

- いつでもどこでも膨大な量の観光情報を取得できる．
- 短時間で観光地を効率的にまわることができる．

8.1.3 散策型観光の不便と益

これまで述べたように，情報技術の発達により観光者にとって確かに観光は便利になったと言える．しかし観光が便利になったことで，訪問地域との触れ合い，つまり地域との相互作用という観光の本来の目的が，観光者に対して促されているとは必ずしも言えない．

そこで筆者は，ゆっくりと町歩きを楽しむ散策型観光を対象に，情報サービスを提供することによる観光行動の変化を観察した．散策型観光とは以下の条件を満たす観光である．

- ある特定の地域内に，観光者が徒歩で移動可能な距離に複数の観光資源（観光スポット）が存在する．
- 観光者は，上記の地域内を徒歩で周遊し観光スポットを巡る．
- 観光者が観光をする時間は，上記の地域内を徒歩で周遊するのに要する時間より長く，観光者が時間的制約を気にすることはない．

散策型観光に着目した理由は，観光者の訪問先や行動に対する自由度が高く，時間的制約もないため，観光の目的である地域との相互作用が生まれやすいと考えたためである．本章では以降，すべて散策型観光を対象とする．

まず，近年利用が拡大している地図システムを用いたナビゲーションシステムに着目した．観光ナビゲーションシステムを用いた観光の現状を把握するために，2006 年秋に国土交通省と奈良県が行った奈良自律移動支援プロジェクト実証実験に参加した [3]．この実験では，参加者は携帯端末を持って近鉄奈良駅から東大寺まで徒歩で移動をした．移動途中にある観光案内版には IC タグが貼り付けられており，参加者が携帯端末を IC タグに近づけることで，観光地や店舗情報，またトイレや休憩所の施設情報を取得することができた．図 8.1 は参加者が携帯端末を IC タグに近づけている様子である．携帯端末にはルート案内の機能があり，参加者が移動ルート上の定められた曲がり角まで来ると，端末画面上の移動方向が表示され，さらに音声による案内が行われた．

---

[2] 利用したことのない読者もいるかもしれない．目的地の名称を入力すれば，利用者の現在位置を GPS (Global Positioning System) を利用して取得し，目的地の場所を検索をして，現在位置から目的地までの最短経路と利用する交通機関，所要時間を提示してくれる．非常に便利である．

図 8.1 奈良での観光ナビゲーションシステムを用いた実験の様子

実験後にこの実験に参加した参加者から実験での観光に対する感想をヒヤリングした．その結果，参加者からは同行者と端末を見ながら楽しめるといったポジティブな意見が挙げられた．しかし一方で，以下のネガティブな意見も挙げられた．

- 詳細なルート案内があると，移動中も画面を確認しながら歩いてしまう．
- 次の情報提供スポットを目指して歩くことになりがちで，途中の町並みを楽しめなかった．

ポジティブな意見であっても「端末を見ながら」楽しんでおり，いずれの意見も携帯端末から提供される情報や，情報が提供されるという機能そのものに参加者の注意が向き，与えられた情報や機能を正しく動作させるために参加者の視点や行動が制約されていると言える．

では，このような携帯端末からの情報提供や，ルート案内などの機能が提供されない場合，散策型観光はどのように行われ，どのように楽しまれているだろうか．そこで次に大学生ほか 8 名を実験協力者として，同じく奈良市で実験を行った．ここでは実験協力者には JR 奈良駅を出発地，五重塔と春日大社を目的地として，二人一組で 2 時間自由に観光をしてもらった．実験協力者は地図，観光情報，地図情報を提示するシステムや資料は保持していない．観光終了後に，観光中の経路と方向を変えたり立ち止まったりした理由や，印象に残った出来事を紙に記入してもらった．

この実験で実験協力者に描いてもらった観光経路の例を図 8.2 に示す．図の丸印が 2 箇所の目的地である．得られた観光経路の図では，実験協力者が観光で印象に残った場所のエピソードが固有名詞やイラストを添えて強調されている．注目すべきは，目的地については名称しか記述されておらず，

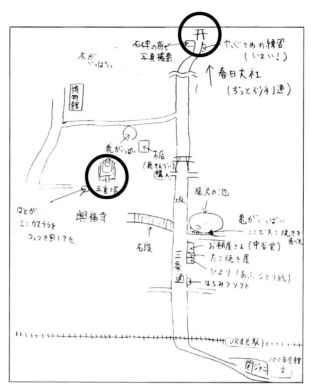

図 8.2 観光支援システムを利用しない散策観光で得られた思い出の地図 [3, 4]

記入されているエピソードのほとんどが目的地に至る経路上のことという点である．図 8.2 では，移動経路沿いにあった屋台などの店舗や，たこ焼きを食べた，池に亀がいっぱいいた，鳩がカステラをつっついていたなどのエピソードである．これらは他者からすればささいな個人的エピソードである[3]．しかしこのようなたまたま立ち寄った場所や目にしたモノが実験協力者にとって印象的であり，偶然の要素を実験協力者が面白いと感じているという結果が得られた．

これら 2 つの実験から，情報システムによる便利なサービスの提供によって失われたものが見えてくる．つまり，情報技術を利用して利用者に情報が潤沢に与えられることで，行動の可能性は広がっているように思われるが，実は提示された情報によって行動が制限されているのではないだろうか．前節で述べたように，一昔前の観光では，観光に関する情報は旅行代理店やガイドブックなどから取得するしか方法はなく，現地を訪れてみて初めて知ることや，現地で行動を考えることが多かった．情報技術の進歩によ

[3] 実は他者にとってもこのようなささいな情報が興味深く，面白く感じることもある．観光スポットの「その場」でこのようなささいな情報をやりとりする効果についての研究も行っている [5][6]．

り，観光が事前情報の単なる確認に終始し，現地での気づきや，その時の状況に合わせた行動の選択が少なくなり，地域との相互作用をする機会が減少しているのではないだろうか[4]．

では，これらの地域との相互作用をする機会を取り戻すためにはどうすればよいだろうか．情報システムを利用しない，という大胆な考えもあるが，我々は情報システムが提供する観光を支援する基本的機能は維持したまま，観光者自らが興味あるモノやコトを発見する経験や多様な観光経験に出会う機会を提供することを目指した取組みを行っている．ただし注意してほしいのは，観光者が能動的に働きかければシステムが提供する基本的機能を生かすことができる，ということである．本章では観光のシーンで利用される観光支援システムについて，不便な仕組みによって観光者と現場との相互作用を促す取組みの事例を紹介する．

[4] クチコミサイトの評価が気になり，評価が高いところばかりを訪れて，「確かに良いところだった」と満足している経験はないだろうか．

8.2 不便な観光ナビゲーション

本節では，目的地までの移動経路を利用者に提示する観光ナビゲーションシステムに対する取組みを紹介する．つまりここでは，観光者はモバイル端末を保持していて，観光者の現在位置から特定の目的地までのルート案内サービスがシステムより提供されるものとする．

8.2.1 観光地の観光案内板

情報システムを利用せずに観光者を目的地まで案内する設備に観光案内板がある．観光地のところどころに設置されている地図であり，その地点周辺の道路と観光スポット情報が記載されているものが一般的である．そこでまず，観光ナビゲーションの設計方針を設定するために，この観光案内版がどのように利用されているのかを調査した [3]．調査を行ったのは京都市の代表的な観光地である八坂神社周辺である．確認できた観光案内板は 56 点で，このうち 29 点が簡略的なイメージマップ，17 点が観光スポットへの単純な方向指示で，残り 10 点が一般的な地図であった．最も多かったイメージマップは，縮尺もイラストも設置者も異なる多様なもので，地図の描き方も案内板の上方向が進行方向を示しているものや，北を示すもの，目的地を示すものなどと不統一であった．調査中，観光案内版の利用の様子を観察したところ，案内板を指さしつつ現在地や目的地を確認したり，案内板だけで

図 8.3　観光案内版を見る様子 [4]

は理解できず観光案内のボランティアらに質問をするなど，正確ではないこれらのイメージマップに対して利用者が悩んでいる様子があった（図 8.3）．観察して気づいたことは，利用者は案内板を見てまず現在位置を確認し，地図情報と実際の利用者から見える風景とのマッチングを取る場合が多かったことである．グループで散策している場合には，皆で地図の見方を議論したり，周囲を見渡して確認する様子も見られた．案内板を一目見て情報が確認できないという点で，これらの案内板は不便であると言えるが，不便な地図を見て周囲を見渡すことで現場との相互作用をしており，同行者と地図の見方そのものや観光経路を話す姿は楽しそうに見えた．

この調査結果から，観光案内をする地図をあえて理解しにくいものにすることで，観光者が地図と現場とのマッチングをする行動を促し，現場との相互作用を創出できないかと考えた．ただし注意したいのは，観光ナビゲーションシステムの基本的機能は利用者を目的地まで案内することであるため，なんらかの案内機能は必要なことである．

8.2.2　手書き地図の利用

最初の試みは，調査した観光案内版のような正確ではない地図を提供することである．ただ，観光する観光地や目的の観光スポットは観光者ごとに異なるので，任意の観光に対する不正確な地図をあらかじめ用意しておくことはできない．そこで，観光者自身に正確ではない地図を作成してもらうことを考えた．

観光には，実際に散策観光を行うフェーズと，その前にどの観光スポットにどの順番に行くかを考える観光計画フェーズがある．最初の試みでは，観

8.2 不便な観光ナビゲーション　　137

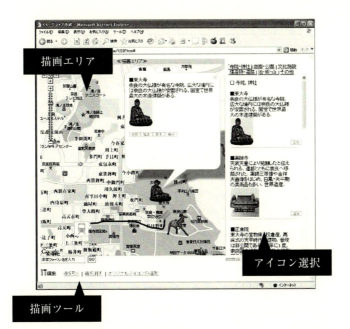

図 8.4　電子地図上に観光の移動経路を手書きで入力するシステムの画面例 [3, 4]

光計画を立てるフェーズで，観光者に手書きで地図を描くことで観光計画を立ててもらい，観光時には手書きした地図を提示した [4]．利用者は，観光前に訪問したい観光スポットのアイコンを電子地図上に配置し，訪問する経路をフリーハンドで記入する（図 8.4）．この時点では電子地図が背景に表示されているため，移動したい経路上をなぞることで移動経路を描くことができる．ただし，観光時には観光計画作成時に表示されていた電子地図をあえて表示しない．利用者には，白い画面にフリーハンドで描いた移動経路の線と配置した観光スポット，および GPS で取得した現在位置のみが表示されるのである（図 8.5）．

　アイコンの配置位置は，たとえば東大寺のように大きな施設では，南大門に置かれる場合と大仏殿に置かれる場合とでは数百メートルもの違いが出る．また手書きで書かれた経路は，電子地図上で道路をなぞるとはいいながら，フリーハンドなので歪みが生じ，また分岐路を考慮していないことがほとんどなので，実際の道路状況とは大きく違うことが多い[5]．そのため，観光地の観光案内板にあるイメージマップのように，手書き経路ではまっすぐの道であるはずが実際には折れ曲がっていたり，分岐があちこちに存在したりと，作成した計画図と現地の違いに利用者は戸惑うのである．戸惑いとい

[5] 歪みの大きさや，描かれた地図の正確さは利用者によって異なるが，これがまた面白い．図 8.5 はかなり大雑把な地図である．

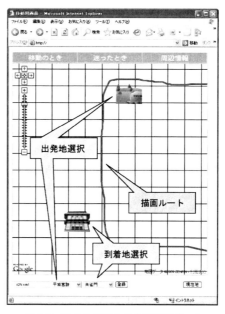

図 8.5　手書き地図の出力画面例 [3, 4]

うとネガティブな印象を与えるが，計画図と現地の違いを埋める行動を誘発するという意味で有益である．すなわち，現地で利用者が計画とは異なる道を選択する機会，面白そうな道や施設を発見する機会，人に道を尋ねる交流の機会などの観光現場こその経験を生む契機となる．実際に奈良市で行った評価実験の結果，このシステムを利用することにより，計画された経路を通ることにとらわれず異なる経路を選んだり，道に迷った場合にもそのことを楽しむ様子を確認した．

8.2.3　周囲の地図が見えないナビゲーション

　手書きの地図という不便な地図を利用することで，観光者に現場との相互作用は生まれたが，手書き入力の地図には利用者による差が大きいという特徴もあった．つまり，丁寧に地図を描く人もいれば，大雑把に描く人もいて，入力される地図の精度に差が生まれた．地図を丁寧に描くような人ほど現地で計画を正確に実行しようとし，大雑把に描く人ほど目的地にさえ着けばよい程度に考えていることが多く，良いバランスを保っているとも言えるが，できればすべての利用者に同じような仕掛けで現場と相互作用する機会を創出したい．

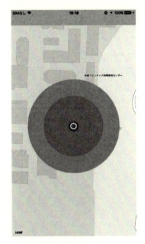

図 8.6 周囲が隠蔽される地図の画面例

　そこで次に考えた仕掛けが地図情報の隠蔽である．道を歩いていて地図を参考にする時，自分の位置と地図上の位置を確認することが多い．これは観光案内版での調査でも，まずは現在位置がどこかを確認する様子が多くあったことが観察されている．では，地図上で自分の現在位置を確認できなければどうだろうか．自分の周囲の情報を地図上で確認できない場合，地図上に表記されている建物と遠方に見える情報に基づいて周辺を推測しようとしたり，自分の五感で周囲の情報を収集するのではないだろうか．もし現在位置や移動すべき方向がわからなければ，周囲の人に道を尋ねたりするのではないだろうかと考えた．

　そこで，図 8.6 に示すような，利用者の現在位置を中心とした半径 100 m の範囲を円形に隠蔽するナビゲーションシステムを提案した [5]．100 m という距離は，人が一目で見渡せる限度と考え設定している．利用者が移動をすると利用者の現在位置も変わるため，隠蔽される範囲も同様に変化する．つまり，利用者は常に自分の周囲 100 m の範囲の地図情報を見ることができない．ナビゲーションシステムなので，目的地の位置は地図上に示してはいるが，目的地まで 100 m 以内に近づくと目的地も隠蔽されることになる．

　20 代の男性 6 名，女性 4 名の計 10 名の大学生を京都観光の経験の頻度によって 3 つのグループに分け，このシステムを使って京都の観光地を散策観光をしてもらった．すると，すべてのグループで戸惑いや不安が見られたものの，現在地や行き先を確認することで観光中に様々な経験ができていることが確認できた．「道に迷ったけど楽しかった」という感想がそれを示し

ている.特に興味深いのは,「何回も通っている道だが,地図が消えているとなんとなく不安な気持ちになった」という京都観光の経験が多い協力者の意見である.実験対象の観光地には何度も訪問した経験があり,本来は地図がなくても移動が可能なはずである.しかし,目の前に地図が表示されるとついつい地図に頼ってしまい,さらにその地図の一部が隠蔽されるので不安になった,というのである.地図という便利なシステムを提供しつつその一部の機能を不便にすることで,地図が必要でない人であっても周囲に働きかける効果があることが確認できた.

8.2.4 ランドマークのみによるナビゲーション

その後,あえて地図の一部を隠蔽する観光ナビゲーションシステムをいくつか提案したが [3],議論を重ねたところ,結局「地図は必要ないのではないか」という結論に達した.注意してほしいのは,観光ナビゲーションとして何も提示しないのではなく,ナビゲーションとしての機能は提供するが地図は表示しない,ということである.これにより,前項の実験で得られたように,そもそもナビゲーションが不要な人にもあえてナビゲーションとしての機能を提供し,不便な仕組みにすることによって現場との相互作用を創出できる可能性がある.そうすると,地図を見せないでどうやって目的地までナビゲーションをするのかが問題となってくる.

そこで提案したのが,移動経路上のランドマークのみを提示するナビゲーションである [6].ランドマークとは比較的目につきやすい施設のことであり,今回は店舗等を含む観光スポットや郵便局などの施設を対象とした.このシステムでは,利用者の現在地と目的地,目的地までの経路上にある複数のランドマークと方角情報のみを画面上に提示する.図 8.7 に画面例を示す.図の左がナビゲーション画面で,画面上に目的地と現在地がピンで表示され,その間にあるランドマークもピンで表示されている(実際には目的地と現在地が青いピンで,ランドマークが赤いピンで表示されている).距離のあるランドマークを見つけることは難しいため,現在地から目的地方向にあるランドマークのうち,利用者の現在位置から 300 m 以内にあるランドマークが複数提示されるようになっている.ランドマークのピンをタップするとそのランドマークの写真を見ることができる.また,「DRC」と書かれたボタンをタップすると,図の右にあるように中央にある赤い三角が表れ,鋭角の先が常に北を示す方位コンパスが表示される.利用者は提示される複

8.2 不便な観光ナビゲーション　141

図 8.7 ランドマークだけ表示するナビゲーションシステムの画面例

数のランドマークの写真から訪問したいものを1つ選び，提示された情報を頼りにランドマークに向かう．選ばれたランドマークまで30 m 以内に近づいた時点で次のランドマークが提示されるようになっている．提示されるランドマークの選択と訪問を繰り返すことで，最終的な目的地まで利用者を案内するナビゲーションシステムである．

　このシステムを見て，目的地に簡単にたどり着けると思っただろうか．ランドマークの位置がわかるので，順に訪問すれば良いだけであれば簡単ではないか，と思った読者もいるのではないか．筆者も実際にこのナビゲーションシステムを利用してみたが，ランドマークにたどり着くことが思った以上に難しい．現在位置が表示されるので，自身が動けば表示される位置も変化するのだが，地図が一切見えないと距離感覚を掴むことが難しいのである．ランドマークには近づいたが，これが本当にすぐ目の前にあるのか，まだ数十m先にあるのかを判断することができない[6]．

　どれだけ難しいかは評価実験での移動に要した時間を見るとわかる．このシステムを用いた散策観光の利用実験を，3グループ9名の男性大学生に協力をしてもらい京都の観光地で行った．出発地を京都市役所とし，目的地を八坂神社とした．一般的な歩行速度で歩けば20分程度でたどり着く距離である．しかし実験では目的地までたどり着くまでに，それぞれ1時間30分，1時間40分，1時間50分を要したのだ．それぞれのグループで道に迷う場面が多くみられたが，ランドマークを探す行動の中で小さな路地や普段通ったことのない道を選択するなど，一種の街中オリエンテーリングのよ

[6] たとえば，図 8.7 の左図で，「現在位置」から「路地」までの距離を画面を見ただけでわかる人はいないだろう．

うな感覚で楽しんでいる様子であった．全体として「普段より周囲を注意して観察しながら観光できた」「観光が探検になった」などの感想が得られた．また，選択したランドマークを見つけた時には「やっと見つけた！」という達成感を感じている様子であった．この達成感を感じた経験が，観光の思い出に強く残っている様子であった．

　これまで示したように，目的地がある散策観光を対象としたナビゲーションでは，丁寧に目的地までの道案内をするのではなく，方角情報と道中のランドマークさえ知ることができれば目的地までなんとか到達でき，さらに現場との相互作用が促進されるのである．もちろん，情報が表示されないために不安感もあったことが示されている．しかし散策観光においてはこの不安感が「何があるのだろう」という期待感を創出する．周囲との関係を創出するためには，不安感が創出されたとしても「何があるのか」をあえて明示しないことが，一つの方法であることを示した．

8.3　まとめ

　本章では，あえて詳細な情報を提供しない観光ナビゲーションシステムをいくつか紹介した．どれだけ正確な情報をいかに迅速かつ大量に伝えるかを追求してきたこれまでの情報技術開発とは異なる方向性の取組みであるが，情報は必ずしも正確で，リアルタイムで，多い方が良いものとは言えないということを理解していただけただろうか．情報とは現実世界に関する表現であり，あくまで価値は現実世界にある．あらかじめ収集した情報を再確認するためだけの観光が本当に面白いだろうか．印象に残る観光になるだろうか．観光が非日常の体験であるのなら，情報はそのような体験を創出するきっかけを作り出せればそれで十分なのである．もちろん，適度な不十分さのレベルは存在する．そのための心理学の理論も必要である．筆者の取組みは，仮説をシステムとして実装し，評価実験を通じて検証する実験心理学として位置づけることができる．今後とも知見を蓄積し，より有効な「不便さ」を追求していきたい．

第 8 章　関連図書

[1] 岡本伸之（編），『観光学入門 ポスト・マス・ツーリズムの観光学』，有斐閣アルマ，2001．

[2] 山村高淑，『観光革命と21世紀：アニメ聖地巡礼型まちづくりに見るツーリズムの現代的意義と可能性』，CATS叢書，北海道大学観光学高等研究センター，Vol.1, pp.3-28, 2009．

[3] 仲谷善雄，不便が楽しい：観光の新たな支援の枠組み，『計測と制御』，第52巻，第8号，pp.732-737, 2012．

[4] 仲谷善雄，市川加奈子，偶然の出会いを誘発する観光ナビゲーションの試み，『ヒューマンインタフェース学会論文誌』，Vol.12, No.4, pp.439-449, 2010．

[5] 田中健，仲谷善雄，現在位置の周囲の地図を見せない観光ナビシステム-あえて情報を隠すことの効果-，『ヒューマンインタフェースシンポジウム2009論文集』（第25回），pp.409-414, 2009．

[6] 高木修一，益田真輝，泉朋子，仲谷善雄，個人の嗜好に基づくランドマークを用いた観光ナビの提案，『ヒューマンインタフェースシンポジウム2012論文集』（第28回），pp.393-298, 2012．

第9章
妨害による支援

　「妨害による支援」と聞くと，直感的には「不便益」を言い換えているだけのように思うかもしれない．実際，不便益研究と妨害による支援の研究は，相互に密接に関連する兄弟姉妹的な関係にある．しかしながら，両者にはいくつかの根本的な違いがある．最大の違いは，不便は結果であるのに対し，妨害は原因である点である．結果と原因のいずれにフォーカスを当ててモノゴトをデザインするかという視点に重要な差異がある．妨害が不便を生み出すことは確かに多いが，妨害が常に不便さを結果として生み出すとは限らないし，不便の原因は必ずしも妨害ではない．妨害による支援の事例には，不便益の範疇を外れるものもある．本章では，人の行為を妨害することによって得られる益とそのデザイン指針について，いくつかの事例を紹介しながら議論する．

9.1 妨害による支援という考え方

　ここまでで，「不便の益」という一見矛盾した考え方にさらされ（悩まされ？）続けてきた読者は，もはやあまり疑問にも思わないかもしれないが，「妨害による支援」と聞いた時，「それは，邪魔したいのか，それとも手助けしたいのか，どちらなのだ？」と，疑問に思う人もいることだろう．しかしながら，少し考えてみれば，むしろ我々の生活の中には，妨害要素を採り入れることによって日常活動を支援している事例が，実は非常にたくさんあることに気づく．たとえば，児童公園の入り口に設置されている車止めは，典型的な「妨害要素」である．これにより，公園の中に自動車が入り込めないので，公園内で子供達は自動車を気にすることなく安心して遊べる．また，D. A. ノーマンが「誰のためのデザイン」の第5章で紹介している，ビルの地階に降りる階段を通せんぼしている柵（図9.1）も，典型的な妨害による支援の一事例である．この柵があるおかげで，火事などの時に間違って1階を通り過ぎて地階にまで降りてしまって避難に失敗するという事態を回避することができる．このように，妨害による支援というアイデア自体は，実は特に新奇なものではなく，我々が常日頃からごく当たり前に活用している考え方である．

図 9.1 ビルの地階につながる階段の降り口に設置された柵．（D.A. ノーマン著，野島久雄訳，『誰のためのデザイン？　認知科学者のデザイン原論』新曜社認知科学選書，第5章より引用）

このような車止めや柵などは，それらが無かった場合に発生することが比較的容易に予見される誤りや事故の発生を防止するために用いられる．誤った道筋を妨害することによって，正しい道筋への選択を強いる手段である[1]．ノーマンは，このような手段を「強制選択法」と呼んでいる．図9.1のような柵を設置することで，日常活動の中で地階にアクセスするためには，柵をわざわざ開閉しなければならなくなり，手間が少し増え，不便である．しかしながら，火災などの非常事態の際に得られるメリットを考えれば，このようなわずかな手間の増加は許容範囲とみなすことができる．この意味で，図9.1の柵は，不便益の一事例であるとみなすこともできる[2]．

このように強制選択法は，妨害による支援あるいは不便益の一種であるが，この手法が適用されるのは，一般に，そこに「誤りや事故への明確な道筋」が存在する場合に限られる．言い換えれば，特段の問題が予見されないところにわざわざ妨害要素を持ち込むようなことは，一般に行われない．強制選択法を適用する必要があるような，誤りや事故への明確な道筋が無い（と思われている）状況下では，妨害要素を可能な限り排除しようとすることが普通である[3]．この考え方に基づいた典型的な取組み事例の1つが，高齢者が居住する住宅のバリアフリー化である．部屋と部屋の間にある敷居などの段差に高齢者がつまずいて転倒するような事故を防止するために，段差を無くして床面を平坦にするような取組みが，住宅のバリアフリー化である．この考え方は，一見非常に正しい．バリアフリー化を進めることにより，高齢者がより安全かつ快適に暮らすことができるようになると期待される．

ところが，このようなバリアフリー化が潜在的に有する問題を指摘する社会福祉法人が現れた．山口市にあるデイサービスセンターの「夢のみずうみ村」である．夢のみずうみ村の施設は，バリアフリーの考え方の下では排除されるべき段差や坂，階段などの障害物を意図的に施設内に配置した，「バリアアリー」[4]施設となっている．そこには，「どこにも手すりがあって，段差がない施設は，高齢者が自らがんばって，身体を回復させようとする意欲を奪ってしまう」[5]という問題意識がある．過剰な支援や便利さの追求によって，我々自身が本来有する能力が損なわれてしまうのではないかという危機感である．そこで，夢のみずうみ村では，段差や階段などの妨害要素を意図的に導入することにより，高齢者が本来持っている能力を引き出すことを支援しているのである．

[1] その意味で，宿題もせずにゲームにふける子供達からゲーム機を取りあげる親の行動も，妨害による支援の一種と言える．

[2] ゲーム機を取りあげられた子供が感じるのは「不便さ」であろうか？

[3] それが，モノゴトをより良く便利にするための手段であると盲目的に信じられている．

[4] 英語にすると，Barrier-free ならぬ Barrier-fully であろうか．日本人に聞き分け困難であるが．

[5] http://www.yumenomizuumi.com/about/peculiarity-01.html

この発想は，強制選択法における妨害要素の利用方法とは明らかに異なっている．段差や階段などのバリアが無い方が，転倒などの事故は生じにくい．むしろ，このような妨害要素を導入することで，それまでは存在しなかった「誤りや事故への道筋」を設置してしまっているとも言える．つまり，言い方を変えれば，従来の強制選択法などでは，すでに目に見えている顕在的な問題を取り扱っていたのに対し，バリアアリーや，本章で主張する「妨害による支援」の考え方では，今はまだ目に見えていない潜在的な問題を取り扱っているということになろう．今はなんら問題がないように見える（ゆえにとりたてて対策を取る必要があるとは思われていない）事柄に実は隠れている問題や，目の前にある障害を取り除くための対策をとったことによって新たに生じる問題に対し，なんらかの妨害要素をあえて加えることによって解決しようとするのが，妨害による支援の取組みである．

9.2　「妨害による支援」と「不便益」の関係

さて，それでは「不便益」と「妨害による支援」とは，いったい何が違うのだろうか？　こんな疑問を持つ読者もいることだろう．先に示した図 9.1 の例などのように，妨害要素によって生み出される不便が益をもたらすのであれば，両者は同じことを言い換えただけではないかという指摘はもっともである．実際，どちらとも見なせる事例は多数存在している．しかしながら後述するように，いずれか一方の事例としか見なせない事例もまた多数存在する．両者の主たる違いは，以下の 3 点にある

- 「妨害」は原因であるのに対し，「不便」は結果である．妨害による支援では，主として原因側に注目しているのに対し，不便益では主として結果側に注目している．
- 妨害は必ずしも不便を生み出さない．妨害された結果として不便が生じることは多いが，それ以外の結果が生じることもしばしばある．つまり，妨害による支援の考え方では，妨害要素を導入した結果，物事が不便になるかどうかは特に重要ではない．
- 不便は必ずしも妨害が原因ではない．妨害が不便の原因であることも多いが，それ以外の原因が不便を生み出すこともしばしばある．ゆえに，不便益を生み出すために妨害要素を導入することは必須ではない．

9.3 妨害による支援のパターン

　本書の1.3.1項で,「他人に迷惑(不便)をかけて自分が益することは,不便益ではない」ということが,不便益の要件として主張されている.しかし,妨害による支援の場合,「他人を妨害して自分が益すること」も妨害による支援の1つであると見なしうる.「それはひどい話だ」と思うかもしれないが,公園の車止めの例を思い出して欲しい.この例の場合,妨害の対象は「クルマ(の運転手)」である.車止めがなければ,公園を横切って近道をすることができるのに,通行を妨げられることによって遠回りを強いられている.一方,受益者は「公園で遊ぶ人」である.他人が運転するクルマの通行を妨げて遠回りを強いることで,自分たちの安全という益を確保している.明らかに「他人を妨害して自分が益する」構造になっているが,社会通念に照らしてなんら問題ないことがわかるであろう.

　とはいえ実際には,自分が益するために「誰をどのように妨害してもいい」というわけではないだろう.現在までに筆者らが実施した研究の範囲では,受益者と,妨害を受ける被妨害者との関係として,以下の3つが許容される

対象者一致型:　受益者と被妨害者とが一致する場合.
間接受益型:　被妨害者自身が直接的な受益者とはならないものの,被妨害者が属するコミュニティ全体が受益者となるなどの形で間接的な受益者となる場合.
防衛型:　被妨害者が,他者(=受益者)になんらかの損害を与えている,あるいは損害を与える蓋然性が高いと思われる場合.

　対象者一致型については,あらためて言うまでもないであろう.これは,不便益の場合と同じパターンである.間接受益型は,先述の公園の車止めが典型例である.自動車のドライバーにとって直接的な益はない.しかし,そのドライバーに子供がいて,その公園で遊ぶことがあるならば,自分の子供の安全という意味で,間接的な受益者となる.さらに地域の子供達の安全は,地域社会全体としての益であるから,その構成員はそれぞれに間接的な受益者となる.防衛型は,ある人(達)が意識的あるいは無意識的に行っている行為が他者に損害を与えている,あるいは与える可能性が高い場合に,これを防止ないし抑制するために,その行為を妨害するものである.受動喫

煙による害を防止するために飲食店を禁煙化するような事例は，防衛型の典型例と言えるだろう．この防衛型は，不便益ではあまり採り上げられない，妨害による支援に特有のパターンであると考える．

また，第 11 章で述べられるように，不便益を考える場合には，ある技術が不便さを解消しようとしている「注目タスク」と，注目タスクを便利化することの副作用として便利害を生じがちな，注目タスクに随伴する「周辺タスク」（この周辺タスクへの便利害を解消することで不便益が得られることが多い）の 2 種類のタスクを考慮しなければならない場合が多い．同様に，妨害による支援においても，妨害の対象となる行為と支援の対象となる行為の関係について考慮する必要がある．これには，以下の 3 つのパターンがある．

同一行為型： 妨害の対象となる行為そのものが支援対象である場合．
非同一行為・同一場型： 妨害の対象となる行為が，支援対象となる行為とは異なり，かつ両行為が同一の場で行われている場合．
非同一行為・非同一場型： 妨害の対象となる行為が，支援対象となる行為とは異なり，かつ両行為が異なる場で行われている場合．

次節では，以上の対象者と対象行為の関係性の分類に基づき，本章筆者らの研究事例を紹介する．

9.4 事例

9.4.1 対象者一致型かつ同一行為型

受益者と被妨害者が同じであり，かつ防害対象行為と支援対象行為が同じである場合は，一見シンプルであるが，あまりその実例は多くない．というのは，ある人のある行為を妨害することが，すなわちその人のその行為を支援することになるという，一般的には矛盾する要求になるためである．この矛盾する関係が許容される数少ない対象行為は，教育や訓練に関する行為である[6]．

「Apollon 13」[1] は，ピアノ練習の最終段階であるリハーサルを支援するシステムである．通し練習やリハーサルは，コンサートや発表会などでの演奏発表に向けて，演奏をほぼ自動的行為として行えるようにすることで，演

---

[6] それゆえに教育の現場も矛盾に満ちているのかもしれない．

奏会における「演奏表情創作」に集中できるようにすることが目的である．しかしながら，いざ演奏会本番になると，緊張のため自動化されたはずの演奏行為を実行できない状態（いわゆる「頭が真っ白になる」状態）に陥り，演奏が途中で停止してしまうことが起こる．本来，このような事態に遭遇しても，なんとかそれを乗り越え，多少の誤りがあったとしても，停止せずに演奏を最後まで継続できなければならない．それができないのは，そのような「非常事態」に対する訓練という視点が，リハーサル練習に欠けているためである．従来，このような楽器演奏における非常事態を対象とした訓練方法やその支援システムは存在しなかった．

「Apollon 13」は，ミスタッチに代表される，思いがけない演奏誤りに起因する演奏停止という非常事態を回避するための，リハーサル段階における訓練を支援するシステムである．システムの機能は非常にシンプルであり，演奏中，ときどき実際に打鍵された鍵の音の代わりに，隣接する鍵の音を出力することでミスタッチをシミュレートするシステムである[7]．リハーサル中に本システムを利用し，思いがけず誤り音が出力されても演奏を継続できるようにする訓練を行うことで，本番での演奏停止という最悪の事態を回避することができるようになることを期待している．

Apollon 13 における「誤り音への差し替え」機能は，明らかに妨害的機能である．しかし，この妨害的機能によって，演奏停止の回避という効用を得ることができる．このように，対象者一致型かつ同一行為型の形態は，習熟すべき対象行為の実行を妨害し，それを乗り越えることを強いることによる教育・訓練の支援システムに見ることができる．

9.4.2 対象者一致型かつ非同一行為・同一場型

受益者と被妨害者が同じであるが，妨害対象行為と支援対象行為とが異なる場合の支援を実現する一つの考え方は，単一の行為に含まれる複数の目的を見い出すことである．そして，一方の目的を妨害することで，もう一方の目的がより良く達成できるならば，妨害による支援を実現することができる．

たとえば食事には，「栄養を摂取する」という生存のための生物的目的の他に，家族や友人などの食事を共にする人々[8]との会話という社交的目的もある．前者の生物的目的をより良く達成するためには，食事中の会話を妨害して，食品を摂取することに集中させた方が良いかもしれない．逆に，後者

---

[7] 実際には，どのタイミングで，どんな箇所で誤り音を出力するのがもっとも効果的に演奏者の動揺を誘えるかなどの検討も行っているが，本稿ではその点に関する説明は省略する．詳細は文献 [1] を参照されたい．

[8] これを「共食者」という．「ともぐいしゃ」ではなく，「きょうしょくしゃ」であるので，注意されたい．

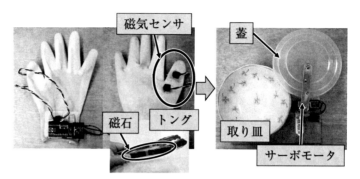

図 9.2 「GiantCutlery」で使用する食器

の社交的目的を重視するならば，前者の生物的目的を妨害した方が良いかもしれない．

「GiantCutlery」[2] は，食事行為の社交的目的を重視し，大皿料理を複数人で囲む食卓における共食コミュニケーションを活性化させるためのシステムである．一つの食卓を共に囲む共食者全員によって共有される大皿料理は，めいめいが皿に取り分けられた料理よりも共食者間のコミュニケーションを活性化することが知られている [3]．しかしながら，現在の（日本の）大皿料理を囲む食卓では，ほとんどの場合，自分が食べたい料理を大皿から自分に取り分けるのは自分自身であり，他者に取り分けてあげる（もらう）行為はほとんど生じない．つまり，大皿料理を介した共食者間でのインタラクション促進機能が十分に活かされていない．

「GiantCutlery」は，自分自身に料理を取り分けることをできなくすることにより，共食者相互の取り分け行為を強制するシステムである．各ユーザは，図 9.2 の左に示す磁気センサ付きの手袋を装着し，図 9.2 中央下に示す磁石が付いたトングを用いて大皿の料理を取り分ける．あるユーザがトングを握ると，手袋の磁気センサがトングの磁石に反応して，当該ユーザがトングを握ったことを検知する．すると，このユーザ用の取り皿に装備されたサーボモータが駆動されて，皿の蓋が閉じる（図 9.2 右）．これにより，このユーザは自分自身の皿に料理を取り分けられなくなる．被験者実験により，取り分け行動に伴うコミュニケーションの発生が確認された．

「GiantCutlery」における「自分の皿への取り分けを禁止する」機能は，明らかに妨害的機能である．しかし，この妨害的機能によって，大皿料理を囲んだ食卓での共食コミュニケーションを活性化する効用を得られることが期待できる．このように，単一の行為に複数の目的が存在するとき，一方を

妨害することで一方をよりよく実施可能になる場合に，妨害による支援の考え方を適用できる．

また，対象者一致型かつ非同一行為・同一場型のもう1つの適用パターンとして，ある行為に対する支援が，その支援対象行為に関連する別の行為を阻害している場合がある．このパターンは，本書の1.3節で述べられている「便利害」に相当する．すなわち，何かを便利にしすぎたために，別の何かに問題が生じているような状況である．

近年，パソコンや携帯電話，スマートフォンの普及により，漢字を手書きする機会が非常に少なくなった．この結果，日本や中国で，漢字を読めるが書けない人々の数が急増し，社会的な問題になっている．これは，現在普及している漢字入力システムが，中国でも日本でも，発音を漢字に変換する方式を採っているためであると考えられる．この方式では，ユーザは記述したい文字の正しい字形を入力時に意識しないし，意識する必要もない．システムがその発音に対応する漢字を出力した際も，同音異字（たとえば「音」と「恩」）に変換されていないかを確認するにとどまり，正しい文字が出力された場合，その文字の詳細な字形の確認はなされない．こうして，漢字入力に際して詳細な字形に対する注意が払われない状態が継続することで，漢字字形を忘却してしまうのである．

「Gestalt Imprinting Method (G-IM)」[4] は，漢字の忘却を防止する機能を持った漢字入力システムである．「G-IM」では，「ときどき形状が誤っている漢字を出力し，これを正しい形状の漢字に修正しない限り文書を保存できないようにする」という手段をとった．形状が誤った漢字とその漢字の正しい形状の例を図9.3に示す[9]．「G-IM」が誤形状漢字を出力した場合，ユーザがその漢字を選択して再変換操作を行うと，正しい形状の漢字に差し替わる．「G-IM」を使用することによって，ユーザは常に漢字の詳細な字形に注意を払うことを強いられ，同時に，システムが常に「正しい形状の

[9] あえて正解を示さないので，読者にはいずれが正しい形状かを確認していただきたい．

図9.3 形状が誤っている漢字と正しい形状の漢字の例

漢字」を提示してくれる．これによって，ユーザの漢字形状記憶が強化されることが期待できる．「G-IM」を，発音から漢字に変換するタイプの通常の漢字入力システム，および手書きと比較する被験者実験を実施した結果，「G-IM」がいずれと比べても有意に漢字形状記憶を強化することが確認された．

「G-IM」における「誤形状漢字の出力」機能は，明らかに妨害的機能である．しかし，この妨害的機能によって，漢字形状の忘却という問題を回避する効用が得られる．このように，漢字入力の支援が，漢字形状の記憶を阻害している問題を，その支援機能を妨害することによって解決することができる．ここで注意すべきは，漢字入力の支援自体をすべて無くしてしまっても問題の根本的解決にはならないということである．前述の被検者実験で，漢字を手書きしたグループの漢字形状記憶が強化されなかった（誤った字形記憶を修正する機会が与えられないため）ことがこのことを裏付けている．支援機能を用いつつも，その一部を妨害することで，支援の便利さを享受しつつ，同時にその支援に起因する問題を解決できる点が重要である．

9.4.3 対象者一致型かつ非同一行為・非同一場型

受益者と被妨害者が同じであるが，妨害対象行為と支援対象行為とが異なり，しかもある場所で行われる行為を妨害することで，それとはまったく別の場所で行われる別の行為が支援されるというケースは，やや想像しづらいかもしれない．たとえば，一般に「共有地の悲劇」[5]と呼ばれるような問題の1つの解決手段が，このパターンになると考えられる．具体的には，共有地の中で起こっている問題を解決するために，私有地の中での行為を妨害するというような手段である．

図9.4上の写真は，筆者らの研究室の中に設置されている共有コミュニケーションスペースである．ここは，研究室員や他研究室所属者等が随時自由に集い，様々な談話や議論を行う場として日常的に活発に利用されている．飲食等も許可されているので，多くの来訪者が飲み物や食べ物などを持参する．しかし，利用後に飲み物の空き瓶や食べ物の包装紙等を片づけずに放置する者があとを絶たない．あと片づけを促す張り紙なども行っているが，実効性は薄い．

この状況を解決するために，我々は「TableCross」[6]を発案した．共有コミュニケーションスペースのテーブルに，テーブルクロスとして再帰性

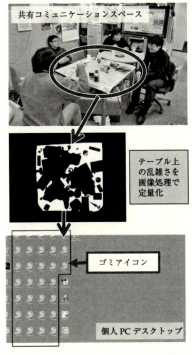

図 9.4 「TableCross」のシステム構成

反射材の布を敷き，テーブル上方に赤外線光源と赤外線カメラを設置した．赤外線光源からの光は，テーブル上の再帰性反射材で反射され，赤外線カメラによって撮影される．テーブル上に物が置かれていると，その部分は赤外線が反射されず，撮影画像上では影となる．こうして得られたテーブル上の赤外線画像を 2 値化し（図 9.4 中央），テーブルの卓面の総面積に対する影の占める割合を求め，これをテーブル上の乱雑度とする．たとえば得られた乱雑度が 70% であった場合，各研究室員が使用している個人用パーソナルコンピュータのデスクトップ画面面積の 70% を埋める量の「ゴミアイコン」を生成し，デスクトップ画面上にばらまく（図 9.4 下）．ゴミアイコンは，PC 上での操作で削除しても，共有スペースのテーブルが整理整頓されない限り，すぐに復活して画面上にばらまかれる．こうして，共有コミュニケーションスペースを汚すと，自分の個人スペースも汚されるようになることで，共有スペースの維持管理意識を当該スペース利用者に喚起することを狙ったシステムである．

「TableCross」における PC デスクトップ上へのゴミアイコンのばらまき

は，明らかに妨害的機能である．しかし，この妨害的機能によって，共有スペースの維持管理という効用を得ることが期待できる[10]．このように，支援対象の行為が行われる場と妨害対象の行為が行われる場とが異なる場合，両者をなんらかの手段でリンクして，仮想的に同一場とすることが必要であろう．

9.4.4 間接受益型

ここまでの事例はすべて受益者と被妨害者が同一の事例であった．ここからは，両者が一致しない場合の事例を紹介する．まずは，間接受益型の事例である．この場合，被妨害者が所属するコミュニティが全体として益を享受できれば良い．最初に示した公園の車止めの例は，間接受益型の典型例であり，この型の妨害による支援は比較的多く存在していると思われる．

近年，常にスマートフォンをのぞき込んで操作している人々が街にあふれかえっている．1人だけでいる場合ならばまだしも，友人や恋人，家族などと一緒に居る場合でも，多くの人々がスマートフォンを操作し，「そこに居る人々」とのコミュニケーションよりも，「そこに居ない人々」とのコミュニケーションに熱中しているケースが非常に多く見られるようになった．急ぎの連絡のために一時的に「そこに居る人々」とのコミュニケーションから離脱するケースがあるのはやむを得ないが，恒常的に「そこに居る人々」とのコミュニケーションから離脱したままになっている状態は好ましくない．そこに居る人々との対面コミュニケーションを回復する手段が必要である．

筆者らは，特に交際後間もないカップルを対象とした対面コミュニケーション回復の手段として，「ちんかも」[11][7]という新奇なコミュニケーションメディアを考案した．これは，一種の手書きコミュニケーションメディアであり，送信側ユーザがスマートフォン上で手書きした文字や図柄がそのまま受信側ユーザのスマートフォンの画面上に描画されるものである．ただし，このアプリはバックグラウンドで常時動作しており，受信側ユーザが別の作業（たとえばSNSやウェブブラウジング）をしている場合でも，送信側ユーザがこのアプリ上で何かを手書きすると，受信側ユーザが見ている画面の上にオーバーレイして描かれた図柄が表示される．このため，受信側ユーザは，現在行っている作業画面が送られてきた図柄で上書きされ，しだいに見えなくなってしまう[12]．使用例を図9.5に示す．この例では，受信側ユーザが数独のパズルを解いている上に，送信側から送られた図柄（人や太

---

[10] 実際には，特にゴミを放置しがちなユーザの悪知恵によって，このシステムのもくろみは頓挫した．どんな悪知恵かは是非考えてほしい．

[11] 男女の仲が睦まじい様をいう言葉．

[12] この機能は，海辺でアツアツカップルが楽しそうに水を掛け合って遊ぶ様から発想された．

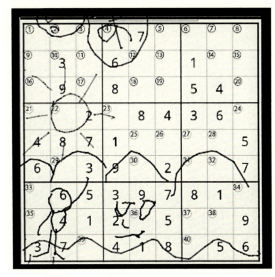

図 9.5 「ちんかも」のスクリーンショット

陽など）が上書き描画されている．ユーザスタディにより，スマートフォン上で数独に熱中していた男性を，女性からの上書き描画行為により，対面対話に引き戻すことが可能であることが示された．

「ちんかも」における上書き描画は，明らかに妨害的機能である．しかしこれによって，対面しているにもかかわらず，そこに居る人々とのコミュニケーションから離脱している人々を，対面コミュニケーションに引き戻す効用を得ることができる．

9.4.5 防衛型

防衛型は，誰かが他者になんらかの損害を与えている（可能性がある）場合に，その損害を与える行為を妨害することで，損なわれている益を回復する支援形態である．妨害による支援の実現形態としては，最もわかりやすいかもしれないので，多くの実現例が考えられよう．

「Pay4Say」[8] は，会議に貨幣制度を導入することにより，有益な発言をする参加者により多くの発言機会を与えるように，発言権の獲得頻度を参加者達が自ら自律的に制御可能とすることを目的とした会議支援システムである．一般的な会議では，発言権はいつでも誰でも自由に好きなだけ行使可能なものとして取り扱われている．この結果，発言内容とは無関係に，会議参加者同士の相対的な地位の上下や声の大きさなどの要因によって，発言権の

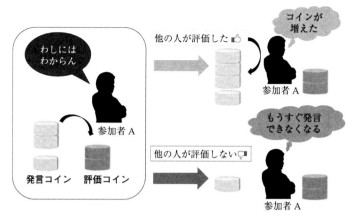

図 9.6　Pay4Say における貨幣による発言権のやり取り

行使頻度が決まってしまうことが多い [9]．これは，会議の知的生産性の向上にとって好ましくない．発言内容が良い発言者ほど，より多く発言権を得られるようにすべきであると考えられるし，逆に無駄な意見しか言わない発言者の発言は抑制（妨害）されるべきである．

そこで我々は，貨幣制度に着目し，発言権を行使するためには，定められた価値に基づき，応分の貨幣を支払って，必要量の発言権を取得しなければならないようにした．具体的なルールは以下のとおりである（図 9.6）

- 初期状態では，全員が一定枚数ずつ発言コインを所有する．評価用コイン（後述）は所有しない．
- 発言権を行使する際，発言時間に応じて自動的に発言コインが消費され，消費された分は自分の手持ちの評価用コインになる．手持ちの発言コインをすべて使い切ると，発言はできなくなる．
- 評価用コインは，他者を評価するためにのみ使用できる．他者に提供するコインの数は，手持ちの評価用コインの枚数の範囲で自由に決定できる．
- 他者から受け取った評価用コインは，自分の発言コインとして使用できる．

他者を評価する基準は，各参加者それぞれの判断に任せている．被験者実験を実施した結果，コインの総流通量をうまく調整することで，発言数の平準化などの効果が得られることが明らかになった．

「Pay4Say」における貨幣による発言権の取得と行使の仕掛けは，ある側面において発言を強制的に抑制する妨害的機能を持つ．しかし，この妨害的

機能によって，会議における各参加者による発言量の制御に，会議参加者全員の総意を反映させるという効用を得ることができる．

9.4.6 ゼロ妨害型

最後に1つ，特殊な事例を紹介する．それは，妨害を確かに与えているにもかかわらず，その妨害の存在が被妨害者によって認識されない事例である．我々はこれを「ゼロ妨害」と呼んでいる．この場合，被妨害者は実質的には存在せず，受益者のみが存在することになる．よって，単なる便利な支援ツールとみなされるため，完全に不便益の枠組みからは外れた事例となる．

「iDAF drum」[10] は，ドラム演奏の練習支援システムであり，手首を手甲側に返す動作を行う際に使う筋肉の効果的なトレーニングを目的としている．ドラムを演奏するとき，スティックでドラムの打面を叩打する際には，手首を手掌側に曲げながらスティックを振り下ろす．この動作は奏者によって意識されやすいため，一般的な練習で身につく．一方，打面を叩打したあとは，本来は手首を手甲側に返しながらスティックを「意図的に」振り上げなければならない．これによって，打音のキレや音質が良くなるとともに，高速での連続叩打が可能となる．ところが実際には，ドラム打面からの反発力に任せてスティックを受動的に振り上げていることが非常に多い．このため，従来から意図的にスティックを振り上げることができるようにするための練習法や練習装置が考案されているが，いずれも自然なドラミングとはかけ離れた，特殊なスティック操作を強いられるものであった．

「iDAF drum」は，微少遅延聴覚フィードバック (insignificantly Delayed Auditory Feedback) を用いたドラム演奏訓練システムである．遅延聴覚フィードバック (DAF) とは，一般には話者の話し声を 100〜200 msec 程度遅らせて話者の耳にフィードバックすることを言う．これにより，発話が円滑にできなくなり，音を繰り返したり伸ばしたりする吃音のような症状が現れることが知られている [11]．微少遅延聴覚フィードバックとは，この遅延時間を，人間が聴覚的に知覚できないレベルまで短くした，ごく短時間の遅延を伴う聴覚フィードバックである．人が動作とそれによって生じる音との間にズレを認知し始めるのは 30 msec 程度であることが知られている [12]．「iDAF drum」は，スティックによる打面叩打と打音発生の間に，30 msec 以下（実験では 20 msec とした）の遅延を与えるシステムである．こ

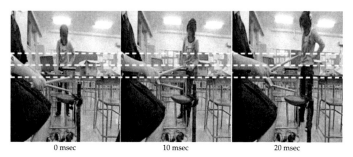

図 9.7 遅延時間の違いによるスティックの振り上げ幅の変化の例

のような遅延を与えた場合，ほとんどの奏者は遅延の存在を感じることができず，奏者にインタビューしても微少遅延の有無による演奏感の変化は一切感じられていない．それにもかかわらず，遅延を与えた場合，明らかにスティックの振り上げ幅に変化が生じる[13]．図 9.7 に，遅延なし／10 msec の遅延／20 msec の遅延の 3 つの条件でのドラムスティックの振り上げ幅の変化の一例を示す．このように微少遅延フィードバックを用いることによって，ドラムの演奏感を変えることなく，スティックをより大きく振り上げるような動作を行わせることが可能となる．筋電計測を伴う被験者実験によって，「iDAF drum」を用いた練習を行うことで，手首を返す筋肉がよりよく使用されるようになることが明らかになった．また，音色が改善される事例も見られた．

「iDAF drum」における微少遅延聴覚フィードバック機能は，知覚不可能ではあるものの妨害的な機能であることに違いはない．しかし，この妨害的機能によって，ドラム演奏において重要な筋肉を効果的にトレーニングする効用を得ることができる．

9.5 「妨害による支援」の適用対象に関する検討

前節では，受益者と被妨害者の関係性（対象者一致型／間接受益型／防衛型）と，妨害対象行為と支援対象行為の関係性（同一行為型／非同一行為・同一場型／非同一行為・非同一場型）に基づき，筆者らのこれまでの研究事例を分類し，紹介してきた．これらをまとめると，妨害による支援が適用されやすいのは，結局のところ以下の 3 つのいずれかを目的として持つ対象ではないかと考えられる．

教育・訓練のため：　「Apollon13」，「G-IM」，「iDAF Drum」などの事例

---

[13] なぜそのような現象が現れるのかについては，残念ながらまだ解明されていない．今後の脳科学などの研究に期待している．

が該当．

一つの行為が複数の目的を持つ場合，そのいずれかの目的を強化するため：
　「GiantCutlery」などの事例が該当．

公共の利益のため：　「TableCross」，「Pay4Say」，「ちんかも」などの事例が該当．

　1つ目に挙げた，教育・訓練を目的とした妨害による支援の考え方に対し，ゲームにおける「挑戦」との類似性が指摘されることがある．ゲームにいくつかの挑戦的課題を埋め込み，これを順次乗り越えることで，ゲームを完結するために必要な技能を少しずつ習得できるようにしている．これは，目標を細分化して徐々にゴールに接近する「スモールステップ法」の一種であると言える．スモールステップ法は，ある知識や技能に習熟する「途上」にある場合に一般に用いられ，設定される個々のスモールステップは，一種の妨害であると見なすことができる．つまり，教育・訓練を目的とする対象行為においては，そもそも「妨害」の利用は親和性が高い．

　しかしながら，ある知識や技能に習熟してしまった状態にある場合にはどうすべきか．一通り楽曲を通して演奏できる（と思っている）状態や，漢字を習得して自由に読み書きできる（と思っている）状態では，すでにゴールとして想定した状態に達しているため，それ以上ステップを刻むことができない．このような場合には，通常のスモールステップ法は適用できない．そこで「Apollon13」や「G-IM」，そして「夢のみずうみ村でのバリアアリー」では，本来は存在しない妨害を与え，これを乗り越えることを強いることによって，仮想的なスモールステップを提供していると見ることができよう．このように，すでに習熟しているが，その習熟状態を保つために以後も継続的な努力を必要とするような対象は，妨害による支援の有力な適用対象の1つと言える．教育・訓練を目的とする対象については，妨害要素は，「無用の負荷」としてではなく，筋肉トレーニングにおけるダンベルのような「有用な負荷」[13]と見なされる．「Apollon 13」と「iDAF drum」のように，支援対象と妨害対象が同一で，ともに教育・訓練目的である場合には，有用な負荷としての妨害という理解は得やすい．

　ところが，2つ目に挙げた，一つの行為が複数の目的を持ち，一方を妨害することでもう一方を支援する場合には，教育・訓練が支援目的であっても，有用な負荷としての妨害という理解は得られがたい．「G-IM」は，妨害対象行為（漢字の入力）と支援対象行為（漢字形状の学習）が同一ではな

く，多くの場合妨害対象行為側に不便感を伴うため，その使用は多くの人々に忌避される．「GiantCutlery」も対象行為が一致していないため，当初はやはり不便感を与える．しかし，この事例に関しては，作業の主たる目的が「食事」から，しだいに「共食コミュニケーション」へと移行する（移行させる）ことによって，不便感を軽減したり，別の印象へと変容させたりすることができるものと思われる．ゆえに「G-IM」についても，最初から漢字形状記憶強化を主目的とした場（たとえばビジネスの場ではなく初等教育の場など）で使用するか，あるいはしだいにそちらに目的を移行させていく仕掛けを提供することで，不便感を解消し，継続的に使用させることが可能となると考えられる．

最後に挙げた公共の利益を目的とする場合における妨害による支援は，多くの場合いわば「毒をもって毒を制する」パターンとなる．「Pay4Say」は，会話や議論の妨害となっている人物を妨害して当該人物の発言を抑制することにより，全体の利益向上を図っている．「TableCross」は，公共的秩序を乱す人物を含むユーザ全員を妨害することにより，全体としての公共的秩序維持を促している．また，「ちんかも」は，対面しているにもかかわらずコミュニケーションを（消極的に）拒否している人物の個人的行動（スマホの操作など）を妨害することで，対面している二人のコミュニケーションを回復することを狙っている．このようなパターンは，妨害的機能をダイレクトに妨害として利用している点でわかりやすく，応用も様々に考えることができよう．

以上をまとめる．

利用者： 被妨害者は受益者と一致させることが望ましい．一致させられない場合は，全体にとっての利益を用意し，それが全員に見えるようにするべきである．

対象行為： 妨害対象行為と支援対象行為は，一致させた方が妨害感や不便さなどのネガティブな印象を持たれにくくすることができる．一致させられない場合は，支援対象行為を主たる作業とするように設定するとともに，両者の関連性を認識しやすくする必要がある．

9.6 まとめ

　以上，本章では「妨害による支援」というメディア・デザインの考え方を提案し，不便益との関連性について議論した．さらに筆者らの研究室で実施してきた事例に関する分析を通じて，「妨害による支援」が持つ（べき）構造と，その適用可能な対象について検討した．

　実は，世の中は妨害による支援の例に満ちている．ところが，特に伝統的な工学の世界では妨害要素は除去されるべき対象であり，あえて導入したり活用したりするものではないとみなされている．このような盲目的信念を排除し，「曇りなきまなこ」で「妨害」を見つめ直し，我々の生活や知性の向上に活用していこうではないか．

第9章　関連図書

[1] Yokoyama, Y., and Nishimoto, K., Apollon13: A Training System for Emergency Situations in a Piano Performance, *Active Media Technology*, LNCS 6335, pp.243-254, Springer, 2010.

[2] 田中唯太，小倉加奈代，西本一志，大皿料理を囲む共食者間の互助的インタラクションを引き出す食卓コミュニケーション促進ツール "GiantCutlery"，『信学技報』，Vol.111, No.478, pp.175-180, 2012.

[3] 武川直樹，峰添実千代，徳永弘子，寺井仁，湯淺将英，立山和美，笠松千夏，3人のテーブルトークの視線，食事動作，発話交替から見えるコミュニケーション：銘々皿と大皿料理における行動の比較分析，『信学技法』，Vol.109, No.224, pp.17-22, 2009.

[4] 西本一志，魏建寧，漢字形状記憶の損失を防ぐ漢字入力方式，『情報処理学会論文誌』，Vol.57, No.4, pp.1207-1216, 2016.

[5] Hardin, G., The Tragedy of the Commons, *Science*, Vol.162, Issue 3859, pp.1243-1248, 1968.

[6] Nishimoto, K., Ikenoue, A., Shimizu, K., Tajima, T., Tanaka, Y., Baba, Y., and Wang, X., TableCross: Exuding a Shared Space into Personal Spaces to Encourage Its Voluntary Maintenance, *CHI2011 Extended Abstract*, pp.1423-1428, 2011.

[7] Iwamoto, T., and Nishimoto, K., A Medium for Short-Distance Lovers That Exploits an Obstructive Function to Draw Them Back to Face-To-Face Communications, *Proc. The 13th IFAC/IFIP/IFORS/IEA Symposium on Analysis, Design, and Evaluation of Human-Machine Systems*, 2016.

[8] 永井淳之介，村井孝明，西本一志，貨幣制度を導入した会議支援システムの提案と評価，『信学技報』，Vol.113, No.462, pp.23-28, 2014.

[9] 平光節子，白井正博，杉山岳弘，チャットをベースにした会議のコミュニケーション活性化システムの検討，『情処研報』，Vol.2003-HI-94, pp.7-12, 2003.

[10] 池之上あかり，小倉加奈代，鵜木祐史，西本一志，微少遅延聴覚フィードバ

ックを応用したドラム演奏フォーム改善支援システム,『ヒューマンインタフェース学会論文誌』, Vol.15, No.1, pp.15-24, 2013.

[11] Lee, B. S., Effects of Delayed Speech Feedback, *Journal of the Acoustical Society of America*, Vol.22, Issue 6, pp.824-826, 1950.

[12] 西堀佑, 多田幸生, 曽根卓朗, 遅延のある演奏系での遅延の認知に関する実験とその考察,『情処研報』, Vol.2003-MUS-53, No.9, pp.37-42, 2003.

[13] 中小路久美代,「ツール」による「支援」とそれを「使う」ということ,『エンタテインメントコンピューティング 2006 予稿集』, pp.3-4, 2006.

第10章
「結びの科学」に向けて

 本章では，人間同士の間で起こる出来事や，それを媒介するシステムについて議論する．ここで扱われる不便は，以下のように考えられる．

- 便利 = 容易（easy）
- 不便 = 他に容易な手段・方法がある（困難とは限らない）

 そして，最も容易な方法ではない，つまり，他にもっと容易な手段や方法があるが，あえてそれを選ぶことによって，なんらかの「見返り」が得られる場合，その見返りを「不便益」と呼ぶこととする．ここでいう見返りは，第1章で述べられている「◇気づきや出会い」に起因するものが中心となる．

10.1 結びの科学の考え方

チームと相乗効果

人と人とが共同作業をするとき個々で行うよりも大きな成果が得られることがある．また思わぬ出会いから新しいアイディアが生まれることがある．これらによって生まれた商品やサービスは，これまでになかった価値を持つことも多い．これは一般に相乗効果と呼ばれている．

プロジェクトのための組織を編成するとき，同じような知識や能力をもったメンバを集めていくつかのチームを作り，作られたチームに合わせてタスクを分解して割り当てるということがしばしば行われる．たとえば大学祭で模擬店を出す場合について考えると，料理が好きな人は調理班，絵を描くのが得意な人はポスター制作班，広い人脈を持っている人はスポンサー担当といった具合になる[1]．日本企業における伝統的な部署の分割や配属はこれに近い．これはチームの能力をある程度予測できるという意味において「便利な手法」であると言える．

グループ作業をする当事者の視点に立って考えたとしても，やはり背景や価値観を共有しているメンバ同士の方が「楽」と感じるかもしれない．一方，まったく接点がなく，共通の話題も乏しい人と新しい関係を作り出すことには困難が伴うことは想像に難しくないだろう．

チーム内のメンバが共通の知識や背景を持っていれば，知識の欠落を互いに補完しあったり，共通の論理的枠組みの中で議論したりすることで，そのチームに期待されている成果をあげることができる．しかし，各メンバの知識や背景が異なる場合，知識の幅は広がるが，それらをうまく結びつけて論理的に議論し問題を解決できるかどうかは，チーム内の各メンバの特徴に依存する．つまりそのチーム力は，メンバの「相性」に依るところが大きくなる．そして運悪く「相性が悪い」メンバが集まってしまった場合，チーム内の苦労が絶えない上に，期待している効果が得られるかどうかもわからないのだから，これを避けようと考えるのは当然のことと理解できる．

しかし，このような安全策が，冒頭で述べた相乗効果を十分に発揮できるかといえば疑問が残る．たとえば先の模擬店のケースだと，広い人脈を活かして安く入手した具材を使った，ビジュアル的にも訴求する新しいメニュー開発の機会を失っているかもしれない．

[1] そして，それ以外の人たちには力仕事や雑用が割り当てられる．

結びの科学の目的

　常識に捉われない新しい価値を創造するためには，多様なメンバでチームを構成することによってチームが持つ知識や能力の幅を広げることが有効であると考えられる．しかし先に述べたように，多様なメンバからなるチームを取りまとめるには負担が伴う．どうせ容易なことではないのであれば，最大限の「益」が得られるチーム作りをしたい，というのが「結びの科学」の目指すところである．

　既存の研究では，相乗効果が発揮されやすい環境や条件はいろいろと示されているが，どのような組合せのメンバが大きな相乗効果を発揮するかについては，論理的には解明されていない．もちろん，環境を整えることによって偶然的に高い相乗効果が発揮されることもあるかもしれないが，それは運任せということになる．ヒトとヒトをどのように結べば，そのような益が得られるのか，また，誰と誰を結ぶことによって大きな相乗効果が得られるのかを明らかにすることを目的とする．

結びの科学では，当面，次の3つのテーマに取り組む．

- どう結ぶのか？　（人のネットワーク構造はどうあるべきか）
- 何を結ぶのか？　（誰と誰が結ばれるべきか）
- いつ結ぶのか？　（適切なタイミングは？）

　それぞれについて，次節から順次述べる．

10.2　どう結ぶのか？　＜メディア・ビオトープとビオトープ指向メディア＞

　人間関係の形成には，なんらかのメディアが介在する．この時「メディア」という語の持つ意味は，インターネットや携帯電話といったデジタルメディアだけを指す狭義なものではなく，コミュニケーションを可能にする仕組み全体を指す広義なものとしてイメージしてもらいたい．そして，これらのメディアはコミュニティを形成することになる．つまり人と人との結びつきを議論する時，その結びつきを実現するメディアの特性と，それによって形成されるコミュニティのあり方を無視することはできない．結びの科学では，水越伸先生によって提案された，コミュニケーションメディアの考え方であるメディア・ビオトープに着目する [1][2]．

　メディア・ビオトープについて説明するためには，まず生物界のビオトー

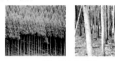

日本の杉山　　　　　　　　　　ビオトープ

画一的な生態系　　　　　　　　多様な生態系

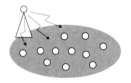
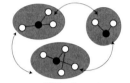

巨大メディアによって形成されるコミュニティ　　地域メディアによって形成されるコミュニティ

画一的なコミュニティ　　　　　　多様なコミュニティ

図 10.1 生物界のビオトープとメディアビオトープ

プについて話す必要がある．ビオトープ (biotope) は，昆虫や小鳥などの小さな生き物の生息に適した「場所（トポス）」を意味する言葉である．具体的には，空き地や廃屋，公園の植え込みなど，有機的な要素を含む，比較的狭い範囲を指すことが多い．これらのビオトープはそれぞれ独立しているが，完全に隔離されているわけではなく，鳥や昆虫などがビオトープ間を往来することでネットワークを形成し，互いに影響を与え合っている．このような，ビオトープ内の小さな系と，ビオトープ間の大きな系とが織りなす重層的な構造によって，多様な生物が生き生きと暮らす，自律的かつ開放的な生態系が形成される．

　メディア・ビオトープは，情報メディアの構造を生物界のビオトープのアナロジー（類推）として捉える考え方である．東京のキー局から発信される情報によって形成される価値観は，植林によって単一化した杉山にたとえられる．ここでは，日光の届かない固い地面に下草は育たず，生物の多様性も失われるように，草の根的な情報活動が育ちづらく，人々の価値観も均一化しやすい．一方，ビオトープにたとえられる，コミュニティ FM やタウン誌といった地域メディアでは，地域住民が手軽に情報発信者側に立つことができる．そして住民が本当に必要としている情報や地域の魅力が伝えられる．このことによって地域の個性が失われることなく，また情報の遮断によって孤立することのない自律的に発展する社会が形作られる．

　不便益の文脈では次のように説明できる．一度に多くのエリアをカバーする情報伝達手段は容易であるが，容易であるがゆえに商業活動が活発化し，それにともなって人々のコミュニケーションメディアとしての役割が失われ

ていく．一方，地域に密着した小さなメディアは，影響範囲が限定的であることから相対的に商業的な価値が低く，運営を支えるのは地域の住民の協力や地元企業のサポートが中心になる．必然的に地域住民自身が情報発信に携わる機会が多くなり，地域コミュニケーションツールとしての役割が高まっていく．

10.2.1 メディア・ビオトープの特性

水越はビオトープとしての特色として，小さいこと（規模），点ではなく面として存在すること（ネットワーク性），人間の生活から切り離されていないこと（一般性），人工物を積極的に利用して環境が設計されていること（計画性）の4つを挙げている．これをメディア・ビオトープの特徴に置き換えると次のようになる [3]．

メディアのサイズ

> メディアによって影響を受ける人たち自身が自発的に関与でき，その影響力を実感できる大きさである

生物界のビオトープの特徴と同様に，メディア・ビオトープにおいても「小さいメディア」の存在が鍵になる．ここで「小さいメディア」という語は何を意味するのだろうか．

メディアのサイズを表す指標として，まずその情報伝達範囲が考えられる．情報伝達範囲が広い全国紙・ブロック紙などの新聞やキー局のテレビ放送を大きなメディアと呼ぶことに違和感はないと思う．一方，地域の回覧板や駅の掲示板は小さなメディアと言えるだろう．では地方紙や地域密着のニュースを流すケーブルテレビ局はどうだろうか．これらのメディアが大きいか小さいかの判断はそれぞれのケースで分かれる．ここで私たちが「小さい」と感じるポイントは，そのメディアを身近に感じられるかどうかではないだろうか．

メディア・ビオトープを考える上で大切なことは，そのメディアによって形成されるコミュニティのメンバがどれだけ能動的に関与しえるかということである．なにか情報発信が必要になった時，そのメディアが選択肢として頭に浮かぶかどうかどうかが「小ささ」の1つのバロメータになるかもし

れない．一般的には，情報伝達が可能な範囲が大きいメディアほどその身近さは失われてゆく傾向にあるが，必ずしも規模と比例するものではない．

　自主的かつ能動的な関与が難しいメディアの場合，多くのメンバが一方的に情報を受けとるだけの立場になり，個々のメンバのコミュニティへの影響力が限定的になってしまう．そして個々のメンバが持つ影響力が小さすぎる場合，一人一人の積極的な働きかけに対するモチベーションが低下することになる．たとえば近年の日本人の政治に対する関心の低さの原因の1つとして，有権者の無力感によるモチベーションの低下を挙げることができる．このことからも，コミュニティの活動を停滞させないためには，個々のメンバの影響力がある程度保証されている必要がある．

　逆にメディアのサイズが小さすぎる場合には，（このことの是非は別問題として）声が大きい特定の個人の意志だけを反映した組織になりかねない．つまりメディア・ビオトープとしての機能を有するためには，一人の人が全体に対し目に見える影響を与えることが可能であり，かつなるべく多くの人が関与し得るメディアである必要がある．

ネットワーク性

> それぞれのコミュニティが孤立しているのではなく，互いに影響を与えながら自律している．

　ネットワーク性とは，あるメディアによって形成されるコミュニティが閉鎖的ではなく，他のコミュニティと関係性を持ち互いに影響を与え合っている状態を意味する．仮に「メディアの規模」で議論した条件を満たすコミュニティであっても，これが他のコミュニティから切り離されて孤立している場合はメディア・ビオトープとは呼ばれない．ここでは特定の価値観が固定化しがちであり，不条理な掟に縛られた状況に陥る恐れがある．かつて存在していた，いわゆる「村社会」がこの状態に該当すると考えるとわかりやすい．

　それぞれのコミュニティが交流して互いに影響を与え合うことによって，独自性を保ちつつ，多様な価値観を許容できるコミュニティが形成されると期待できる．

10.2 どう結ぶのか？ ＜メディア・ビオトープとビオトープ指向メディア＞

一般性

> 希望すれば誰でも自由に利用することができる．

　自然界のビオトープにおける一般性は，その場所が，生物保護のために立ち入り禁止にしている地域ではなく，里山のように我々の日常の活動の場の一部として機能しているということを意味する．いくら豊かな生態系が保たれていたとしても，外界からの侵入を制限して特別に保護されている場合，これはビオトープとは呼ばない．

　メディア・ビオトープにとっても，希望すれば誰もが自由に参加できることが重要な要素である．たとえば会員制のネットワーク・ゲームや参加資格が限定されているソーシャルネットワークシステムで形成されるコミュニティは，参加メンバが限定されていることからメディア・ビオトープとしての性格は薄い．また要塞都市にたとえられるゲーテッドシティ [4] も，コミュニティの規模や次に述べる計画性に関しては条件を満たすものの，閉じられた特別な空間であるということからメディア・ビオトープとして考えることはできない．

計画性

> コミュニティと人との間をとりもつ仕組みがデザインされている．

　計画性は，ビオトープとしての性質を効果的に維持できるように，我々がそこに関わる人工物の配置や形状を意図的にデザインしているということを意味する．

　マクルーハンは「メディアはメッセージである」と主張した [5]．メディアによってもたらされる情報は，そのコンテンツだけではなく，メディアの在り方によるところも大きい．意味内容が高速かつ容易に伝わることだけを考えていたのでは，ビオトープ的なコミュニティを形成することは難しい．新しいメディアを提案する際には，あらかじめ形成されるコミュニティやその成員の生活を意識して，そこに根ざすようなデザインを与えることが求められる．

　また，コミュニケーションだけに特化したメディアを作るよりも，日々の

生活の中で用いられる各種インフラの利用が結果としてメディアとしての効果をもたらす仕組みを考える方が，より日常的かつ継続的な利用が期待できる．効果的なメディア・ビオトープの形成のためには，街作りや，公共施設の計画段階における，コミュニケーション・メディアとしての機能の作り込みが成功のための鍵となると考えられる．

　上で示した4つの条件を備えたコミュニティをメディア・ビオトープと呼ぶ．コミュニティ活動の活性保持が期待できることから，メディア・ビオトープは望ましい結び構造の一つであると考えることができる．そして積極的にメディア・ビオトープを形成することを意識してデザインされたメディアを，ビオトープ指向メディアと呼ぶことにする．結びの科学の目的の1つは，ビオトープ指向メディア設計方法論の解明ということになる．

10.3　何を結ぶのか？　＜コラボレーションと相乗効果＞

　チーム全体の力は個々のメンバの能力に依存するが，その組合せによっては相乗効果によって想像以上の力を発揮することがある．結びの科学では，高い相乗効果を生みやすい組合せはどのようなものかという問題も取り扱われる．具体的には「どのような編成のプロジェクトチームが高いパフォーマンスを発揮するか」「どんな演習グループを作ると教育効果が高いか」といった課題が議論される．優秀なマネージャは，過去の事例から得られる暗黙的知識によって「強いチーム」を編成することができる．この暗黙的な知識を明示的な知識とすることが目的である．

　この問題へのアプローチの1つとして，コラボレーションによって期待できる可能性を論理的に記述する手法が提案されている [6]．この手法の基本的なアイディアは，コミュニケーションに付随する情報の流れを記述するために用いられるチャネル理論 [7][8] を用いて，チームのメンバが持っている知識から導出されるであろう新たな知識の可能性について議論するものである．

　この手法は，ただ1つの解を示すものではなく，可能性のあるすべての状況を提示するものであるもちろん，そのうちのどの状況が実際に起こるのかはわからない．しかし，可能性の範囲は知り得ることから，そのコラボレーションがもつ潜在性を示すことができる．

　また，この手法で示される状況の中には，誤解にもとづくものも含まれ

る．当然，そのような知識は役に立たないばかりか，トラブルの原因になることも考えられる．このような誤解を事前に知ることによって，その対策を講じることが可能になる．また，誤解が発生する可能性が非常に高い場合，そのような組合せは避けるべきであると判断することができる．

以上のように，この手法は一種の相性を診断するものと考えることができることから，「何を結ぶのか」を明らかにする糸口になると期待できる．

10.4 いつ結ぶのか？ ＜タイミングの問題＞

縁や巡り合わせを考える時，どのタイミングで結ばれるべきであるかについての議論も重要である．結びのタイミングについての考察はこれからになるが，片井の共創のライプニッツ時空に関する考察 [12] が手がかりの一つになると考えている．

ニュートンが時間と空間を互いに独立したものとして考えたのに対し，ライプニッツは時間と空間は相互規定的であり，切り離すことができないものとして捉えた．片井は，コミュニケーションや情報の交換の様子を，このライプニッツ空間の中で発生する，個（個体，個人）を結びつける一種のネットワークモデルとして記述した．この議論の中では，コミュニケーションや情報の交換の様子が，包括的情報を含む土壌の上に育つ植物の蔓にたとえられている．この植物の蔓としてのネットワークは，数学的には，個を枝，事象を節としたセミラティス構造[2]をもち，複数の個が絡まり合いながら事象を発生させつつ成長していく様子を表現する．

このモデルでは，時間が共在の秩序として考えられていることから，複数のヒトが絡む事象発生の発生タイミングを記述するのに適している．このモデルを基礎として考えることで，個々のメンバーが時空を共有する（すなわち同じグループとして活動をともにする）までにどのような土壌（環境・背景）において，どのような経験をしてきたのかを説明することが可能になる．このことから，このモデルと前節で述べたコラボレーションの枠組みとを組み合わせることによって最良の結びのタイミングを知ることができると期待しているが，これについては今後さらなる考察が必要である．

[2] クリストファー・アレグサンダーによって考案されたシステム・モデル．ツリー構造では2つの集合がまったく重ならないか，もしくは一方が他方に完全に含まれるのに対し，セミラティス構造は互いに重なりあった集合を含む．

10.5 事例紹介

ここでは，結びの科学を研究することによって得られる「益」を示すために，研究事例をいくつか紹介したい．いずれのケースも，根底には不便益の哲学があり，それに基づいたデザインがなされているものである．

10.5.1 猫メディア

猫メディアは，野良猫を「メディア」として利用した，コミュニケーションシステムのデザイン案である．

野良猫問題はしばしば地域社会に対立をもたらしてきた．一部の住民が餌やりをすることによって野良猫が居着き，その結果，騒音（さかり時の鳴き声），衛生（自宅敷地内への侵入，糞尿，置き餌の腐敗や害虫の発生）などの問題を引き起こしている．被害を受けている人が当事者以外の住民を巻き込んで餌やりをする人を非難したり，逆に被害を受けている人が猫を追い払うために危害を加えたことに対して中傷や嫌がらせを行うといった事態に発展し，その結果地域コミュニティがうまく機能しなくなってしまうケースもみられる．

餌やりを自粛すれば，自然に猫の数が減少して問題は解決に向かうと考えられるが，野良猫への餌やりを好むものの多くは独居老人であり，猫とのふれ合いが生活の一部になっていることから，これを止めさせることはとても難しい．

地域猫活動は，多くの住民にとって迷惑な存在となっている野良猫を，駆除という安直な手段をとるのではなく，地域全体で管理することによって問題の解決を目指すものである．具体的な活動としては，餌やりの時間や場所を決める，糞の掃除を徹底する，猫に対して避妊，去勢手術を施すなどが挙げられる．これらは，野良猫駆除に比べると手間がかかり，また即効性があるものではない．しかし，地域全体で一つの問題に取り組むことによって，一体感が生まれ，これによって地域コミュニティが活性化するという効用が期待できる．

またこれは，野良猫問題について考える場を用意することによって，それまで分断されていた，「野良猫に餌やりをしている人たち」と「野良猫から被害を受けている人たち」とを結ぶ取組みであると考えることができる．猫

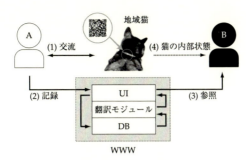

図 10.2 猫メディアの仕組み

メディアは，この仕組みをより明確かつ効果的にするものである．

猫メディアは，説明書と解説動画，アクセス首輪からなる「地域猫スターターキット」を使って地域に導入することができる．アクセス首輪には，それぞれの猫専用のQRコードがプリントされていて，これを携帯電話やスマートフォンを使って読み取ることで，専用サイト「パトロール日記」にアクセスすることができる．

パトロール日記は，その猫の行動を猫の言葉として記述したものである．実際には，餌やりなどの世話をした人や，猫と関わった人の行動記録をもとに，インターネットサーバ上の翻訳機能によって生成される．猫を一人称とした「猫発話」として表現されることによって，猫への感情移入がしやすく，また他者の猫への関わりを客観的かつ冷静に捉えることができる[3]．

日記は，「○月○日○時○分　○○さんからキャットフードを貰ったよ．でも，1時間前に××さんからお魚の残りを貰ったばかりだったので残しちゃった」「○月○日○時○分　今日も○○さんのお宅にお邪魔したよ」「○月○日○時○分　うんちしているところを○○さんに見られちゃった」といったように，餌を貰ったことや遊んでもらったこと，迷惑行為をしたことなどの記録となっている．場所情報と，最後に餌を食べた時間から推定した満腹度のメーターも併せて表示される．また，地域猫活動に関するノウハウや対処法などにもアクセスできる仕組みになっている．

10.5.2　コミュニケーション・メディアとしての歩道橋

コミュニケーション場のもう1つの事例としてコミュニティ歩道橋を紹介したい．

コミュニティ歩道橋は「道路を横断する」という本来の用途に加えて「その地域に住んでいる人たちがふれ合う場所」としての機能を目的としてデザ

[3]「猫が言うのならば仕方がない」と考える人もいるはずだ．

インされた歩道橋である.

　一般的に歩道橋は学校や病院の近くといった地域住民の生活動線上の重要な位置に設置され，児童，生徒や高齢者などを含む様々な年齢層の人々によって利用される．これらの人たちが，お互いを意識し，ふれ合うきっかけを作ることで，地域コミュニケーションを活性化する狙いがある．

　軒先に花を育てるためのプランタを設置している住宅を目にすることがある．もちろん，花の存在によって日常生活に潤いを与えることがその主目的であるが，花がきっかけで近所の人や来客と軒先での会話が弾むことがあるように，実際にはコミュニケーションの媒体としても機能している．自分が育てた花に関心を持ってくれる人が増えると承認欲求が満たされて，さらに多くの人に楽しんで貰いたいと考えるようになる．

　コミュニティ歩道橋の歩道部分には花壇スペースが設置されており，地域の住民はここで自由に植物を育てることができる．花を育てたい人は，道路を横断する目的がなくても足を運ぶようになる．コミュニティ歩道橋を横断する人は，季節折々の花を楽しむことができる．これによって同様に植物の世話をしている人同士の間や，そこを通りかかった人の間でコミュニケーションのきっかけが生まれる．

　コミュニティ歩道橋の上には定点カメラが設置されていて，インターネット上の専用サイトでいつでもその状態を確認することができる．カメラのレンズは，あえて広角なものを利用し，花を楽しんでいる人の姿も映り込むようにする．

　インターネット上の専用サイトでは，育てている植物の写真を公開することができる．通行人も同様に気に入った植物があれば写真を撮って投稿できる．植物を育てている人は，自分の育てている植物に興味を持ってくれている人が居ることを実感できる．また通行に利用している人も，植物を世話している人の存在を意識することができる．これらによって，地域に住む「他者」への気づきが促される．

　また安全安心といった観点からの効果も期待できる．一般的な歩道橋の上は，人目が届きづらく，とくに夜間などは，1人での通行には不安を感じる場合がある．コミュニティ歩道橋では，定点カメラが常に様子を記録していることが犯罪の抑止につながると期待できる．

　この仕組みは，花を育てる人と歩道橋を通行に利用する人との間の，「見たことがある」〜「挨拶をしたことがある」程度の緩やかな結びを期待する

ものである．

10.5.3 旅先での出会いを支援するツール

　旅先ではあくまで「ストレンジャー」であり，現地の人たちと関わりながら滞在を楽しむのが本来の姿なはずである．しかし，スマートフォンの普及と，インターネットサービスの充実によって，すべての情報が手元で入るようになり，あえて現地の人とコミュニケーションを取らなくても，必須の観光スポットを巡って写真を撮り，評価の高いレストランで食事をし，外国人にとって快適なホテルに宿泊することができるようになった．確かに便利になったが，これが当たり前になると，旅本来の楽しみが失われかねない[4]．

　「世界時計」は，旅の醍醐味を思い出させるための仕組みとして提案した．世界対応腕時計であるが，時間は表示できず，滞在している国の言葉での時間の訊ね方を教えてくれる．発音が難しい場合は，時計が代わりに発音してくれる．

　同様のアイディアとして，場所の訊ね方を教えてくれるスマホ用地図アプリも考えられる．画面上には，そのエリアの地図が提示され，現地の言葉で「○○はどこですか？　指さして下さい」という文字が現れる．

　これらのツールは，旅人と現地の人たちがゆるやかに関わるきっかけになることを狙っている．つまり「時間を尋ねる」「場所を教えて貰う」という行為そのものは積極的なコミュニケーションにはつながらないかもしれないが，ここで現地の人たちと言葉を交わすきっかけを持つことによって，その後の行動に変化が起こることを期待するものである．

　「ハンディ・ピクト」も同様に，旅先でのちょっとした出会いを支援するためにデザインされた [13]．海外で中長距離の電車に乗った時，コンパートメントを現地の人とシェアすることになった状況を想像してもらいたい．現地の言語に不安がある場合，挨拶や会話のきっかけを掴めずに，重苦しい空気のまま時間が過ぎていくかもしれない．このような状況を想定し，移動時間を重苦しいものから，楽しい時間に変えることを目的としている．

　ハンディ・ピクトは，ピクトグラムが印刷された小さな磁石付きカードと，それを貼り付けるボードで構成されるコミュニケーションツールである．カードの種類は，簡単な状況説明が可能なように厳選されているが，実際に利用してみると，カードだけですべての意図を伝えることは難しく，身振り手振りを加えて説明することになる．

[4] スマートフォンが旅にもたらす弊害は他にも考えられる．たとえば，せっかく現地に居るのにも関わらず，写真撮影やSNSへの投稿に忙しく，液晶画面を通さずに自分の目でゆっくり楽しむことを忘れていた，という経験がないだろうか．

しかし，旅先の電車内のおしゃべりでは，意図を素早く正確に伝える必要性は低く，むしろこの「多少不便な状況」が，相手との心理的距離を縮め，楽しい時間を演出することになる．

10.5.4 「出会いの場」のデザイン

5章で紹介されたビブリオバトルも，結びの科学の視点から研究を進めている．ビブリオバトルはもともとコミュニケーション場のデザインの一例として研究が進められていることから，結びの科学とも相性が良いツールであると言える．

学生 × 商店会

室蘭の街は，1930年代には6万人だった人口が1960年代後半には16万人を超え，その後，2014年には9万人を切るまで減少した典型的な鉄冷えの街である．市内には街が元気だったころの商店会が残っているが，高齢化によってその規模は縮小傾向である．

室蘭工業大学は，室蘭市内東部に位置する国立大学で，約3,000名の学生が学んでいる．街の高齢化が進む中，毎年入れ替わることから平均年齢がほぼ変わらない学生約3,000名の，市の活動への重要性は年々増していると言える．

室蘭工業大学は市の中心地から約5kmほど離れており，また大学の周りに学生向け食堂やコンビニ，大学生協が運営するスーパーなど，生活に必要なものが一通り揃っていて，独立した経済圏を形成している．学生の約半数は，北海道最大都市である札幌の出身である．室蘭・札幌間のアクセスは道内においては比較的良好なため，週末になると多くの学生が実家に帰省してしまう．そのため，室蘭市内での活動や，一般市民との交流はそれほど活発ではない．実際，学部在学中の4年間の間に，一度も室蘭市内の商店街に足を運んだことがない学生が何人もいるほどであった．

市内経済の中心である中島地区も，売上げ低迷や後継者不足で閉店する店が目立ち弱体化が進んでいる．この地区の集客を支えていた丸井今井百貨店の撤退という厳しい状況を打開すべく，北海道の「商店街等連携活性化推進事業」を利用して商店会連合である「中島商店会コンソーシアム」を発足させた．さらに2010年9月19日には，商店会中心地にあった空きビルを利用して，地域住民のためのコミュニティ活動，文化活動の場としてコミュニ

ティスペース「ほっとなーる」を開設した．

「ほっとなーる」は，商店会利用者のための休憩場所の他，各種イベントや趣味の教室開催，手芸品の販売などに利用されている．2012年1月に作られた事業計画では「多世代の交流施設」が目標の1つとして挙げられている．しかし実際の利用は高齢者の利用が大部分を占めており，大学生や高校生，中学生の利用はほとんどみられなかった．そこで，若者の利用を促進し，世代間交流の拠点として利用されることを目的とした空間作りに取り組むことになった [9]．

室蘭工業大学の大学院生が中心となって改修計画に参画し，若い世代の立場からのアイディアが数多く挙げられた．コンソーシアムの職員たちも，時には世間知らずな意見を述べる学生と根気よく向き合い，その意図をくみ取って予算化していった．こうして，気軽に立ち寄れる雑誌の図書館というコンセプトの「まちなかライブラリー」が実現した [10]．

学生に場のデザインを考えさせるというアイディアは，一時的には学生の利用を増加させたが，残念ながら定着には至らなかった．そこで，地域の住民と学生とを結ぶためのさらなる一手として，ビブリオバトルの導入を試みた．ビブリオバトルは本を媒介としたコミュニケーションゲームである．多くの本には世代を超えた普遍的価値があり，音楽や映画よりも世代間の話題として適している [14]．きっと学生と地域住民との間をつなぐメディアとしても適しているだろうと考えた．

この時，ビオトープ指向メディアとして機能させるため「商店会でイベントを企画して学生に参加を呼びかける」のではなく「学生と一般市民が協力してイベントを企画し，そして一緒に楽しむ」という構造をベースとした．そのために，まずビブリオバトルを楽しむ社会人サークルを設立し，この新たなサークルと，既存の学生サークルとを結び付けることにした．その結果「ほっとなーる」を会場として，年間15回程度のビブリオバトルイベントが，両サークル協力のもと実施されている．企画の運営や広報は社会人の得意とするところであり，また当日の馬力や集客には学生が力を発揮している．またこの交流をきっかけとして，大学祭のイベントに市民サークルのメンバが駆けつけたり，洞爺湖マンガアニメフェスタでのイベント企画を一緒に行ったり，「ほっとなーる」でボードゲームを一緒に楽しんだりと，交流が深まっている．

10.5.5 学びの場づくり

教育の現場では，近年，異なる分野の学生たちに協力して演習問題に取り組むことで，視野を広げるとともに，自分たちの専門領域の位置づけを再認識させる試みが数多く行われている．たとえば，札幌市立大学では，デザインを学ぶ学生と看護を学ぶ学生とを参加させることによって，看護の現場で必要とされている問題を発見してそれを解決するデザイン案を見つけるという演習を設計して教育的な成果をあげている．これは，札幌市立高等専門学校と札幌市立高等看護学院とがその基礎になっているという，大学の成り立ちに起因する必然性から生まれた一つの成功例であると言える．

一般には，高い教育効果を生み出す有望な組合せを発見することは，それほど容易なことではないように思われる．また，会社組織でのグループ形成時における問題と同様，「相性の悪い」メンバでチームを作ると，学生にとっての心的負担が増えるばかりで，教育効果が上がらない事態に陥る恐れもある．

これまで私たちの研究チームでは，どのような組合せのチームに対してどのような課題を与えるのが最も効果的であるかについて，様々なアプローチによって検証してきた．その結果，工学，デザイン，芸術というものづくりに関わる3つの分野の組合せのチームに対して，オープンな問題を与えることによって高い教育効果が得られることがわかってきた．

このことを実証するために，工学，デザイン，芸術（美術や工芸）を学ぶ学生を対象に，合宿形式のワークショップ，International Engineering Design Challenge を企画運営している[5][11]．このワークショップでは，国籍も教育背景も異なるメンバからなる学生チームが限られた期間内で与えられた課題に挑むことになる．

この教育ワークショップは，タイのチェンマイ大学（生産工学専攻）・ナレスアン大学（物流・交通専攻）の2つの大学，国内3大学，室蘭工業大学（情報工学）・秋田公立美術大学（芸術・工芸）・岐阜市立女子短期大学（デザイン）とが共同で開催しているものであり，学部，学年，国籍の縛りなく参加者を募って実施している．チェンマイ大学，ナレスアン大学では，毎回多くの学生が参加を希望していて，参加者は面接などを経て決定されている．

参加者は，5名〜6名のチームに振り分けられて，チーム単位で与えられた課題に取り組むことになる．この際，各チームは，なるべく異なる分野，

[5) 「大学からの協力が得られない」という不便な状況のもと，多くの支援者からの助けを得て実施している．

異なる国籍の学生で構成されるように工夫している.

　与えられるテーマは，実際に開催する地域の問題を解決するものが多い．たとえば観光都市であるチェンマイ市（タイ）で開催された際には，「旅行者にチェンマイ市内のアートに気づかせる仕掛け」を考えるものであった．各グループは，まず，対象となるエリアをフィールドワークしてヒントや材料を収集し，それに基づいてディスカッションすることによって，デザイン解にアプローチする．

　ワークショップ当初は，他のメンバとどのように接すれば良いかわからず戸惑い，中盤では，それぞれの分野のしきたりや文化の違いによって，意見が衝突し，苦労をしながらアイディアを形にしてゆく．指導する側にも，何が出てくるかわからないという状況で，適切なヒントや助言を与えることで，有望な解に近づけていくことが求められる．

　英語で話さなければならない環境に置かれることに，最初はストレスを感じるが，自分の考えを伝え，それを理解して貰えるという体験を重ねるごとに，次第に英語を話すことに抵抗がなくなっていく．そしてプロジェクトを通して，チームのメンバとして高いを認め合うに至る．ワークショップの最終日には，毎回，参加者たちが固く再会を誓う姿を見ることができるほどである．

　困難な過程ではあるが，最終発表会を終えた後の達成感は何ものにも変えることができない．困難を乗り越えてプロジェクトを成功させることによって，多くの参加者が視野を広げることで物事の捉え方を豊かにし，コミュニケーション能力，調整力，リーダーシップといった能力を成長させている．

10.6　さらなる探究

不可逆性に付随する問題

　インターネット上のソーシャルネットワークシステムの世界では「ブロックする」「友達をやめる」という容易な選択が可能であるが，現実社会では，このような関係性の遮断は難しい場合が多い．たとえ疎遠になった相手であって，何かのきっかけでまた関係が復活することは，比較的頻繁に起こりえる．つまり，人間関係においては，いったん結ばれた関係性をなかったことにするのは，基本的には不可能であると言える．

　なんらかのトラブルが原因で疎遠になったヒトと関係性を再構築すること

図 10.3　ワークショップの様子と SNS に投稿された事後の感想

や，またどこかで接点が出来るかもしれないということを気持ちの中に担保しておくことには困難が伴う．果たしてこのような困難の見返りとなる益はあるのだろうか．

また，自分にとって都合の良い人とだけ関係を結んでいくことは，ある側面からみると効率的戦略と言える．では，はたして人と人との関係において「余計な出会い」というものは存在するのだろうか．

このような問題は，10.4 節で述べた，結びのタイミングの議論と併せて考えていく必要がある．

感性の問題

本章で議論した結びの科学は，人と人との結びを，マクロ視点（結びの構造），ミクロ視点（どう結ぶのか），時間的視点（結びのタイミング）の3つの視点から客観的に捉えようとするものである．つまりここには，人々がどのように感じるのかという主観的な視点は含まれていない．しかし実際の事例を見ると，嬉しさやヤル気によって行動を引き出すというように，「当

事者の気持ち」が鍵になっているものが多いことがわかる.

効果的なビオトープ指向メディア設計のためには，感性工学の分野における研究成果との融合が求められる.

倫理に関わる問題

北海道夕張市はかつて炭鉱で栄え，道内では「家電も映画も，最新のものはまず夕張に入ってくる」と言われるほどだった．しかし，構内の事故や国内エネルギー政策の転換によって，閉山が続き，急激に人口が減少した．もともと炭鉱があったからこそ，人が集まり町ができたのだが，炭鉱が無くなった今，このコミュニティの存在意義は何なのだろうか．税収の極度な減少で，住民は相当な不便を強いられているわけだが，地域コミュニティからそれに見合う益を得られているのだろうか.

以前，ダム建設のために水中に沈んでしまった集落の元住民たちの「同窓会」の場に居合わせたことがある．地域コミュニティが，公共事業という大きな力によって強制的に解体されてしまったわけだが，ここではネガティヴな雰囲気は無く，安定した新生活から当時を懐かしんでいるという印象を受けた．元住民たちは，「ダム建設による共通の被害者」として，精神的なつながりが強くなっているようにすら感じられた．仮にそうだとすると，ダム建設はある意味，山間のコミュニティを平和的に強制終了させて，同窓会という新しい形に生まれ変わらせる装置として機能したことになる.

この2つの事例は，コミュニティの老化，そして死と比喩できる．そして，そこでは，「果たして，コミュニティの延命はどこまで求めるべきなのか」という，人の命の問題と同じ倫理的な問題に直面することになる．人々が地域の現状を受け入れて，コミュニティを見届ける仕組みとして，その精神的な痛みを和らげる「コミュニティの安楽死」や，自ら発展的解消を選ぶ「コミュニティの尊厳死」が（それについて議論することも含めて）許されるのか，許されるとすれば，どのようなアプローチが考えられるのか，といった難問にも，結びの科学では向き合っていく必要があると考えている.

第 10 章　関連図書

[1] 水越伸,『メディア・ビオトープ メディアの生態系をデザインする』, 紀伊國屋書店, 2005.

[2] 須藤秀紹, メディア・ビオトープ-下草としてのメディアの活用,『計測と制御』, Vol.51, No.8, pp.722-725, 2012.

[3] Hidetsugu SUTO: "Communication Scheme based on the Concept of Media Biotope", *International Journal of Communications, Issue 3*, Volume 5, pp.87-94, 2011.

[4] 小北麻記子, 須藤 秀紹, 共感メディアで形成される共生コミュニティ,『計測自動制御学会システム・情報部門学術講演会2008講演論文集』, pp.377-378, 2008.

[5] マーシャル・マクルーハン（栗原裕他訳）,『メディア論』, みすず書房, 1987.

[6] Patchanee PATITAD, Hidetsugu SUTO: "A representation model of collaborative design mechanism using Channel Theory",『電気学会論文誌C』, Vol.36, No.8, pp.1149-1154, 2016.

[7] J. Barwise and J. Seligman: "Information Flow", Cambridge University Press (1997)

[8] 川上浩司,『チャネル理論とそのシステム科学への応用』, システム/制御/情報, Vol.49, No.2, pp.58-63 (2005).

[9] 山本修平,『商店街におけるコミュニティスペースの実態とその効果に関する研究　室蘭市中島商店会での実践を通して』, 室蘭工業大学大学院 修士論文, 2012.

[10] まちなかライブラリー実行委員会, まちづくり事業企画書『まちなかライブラリー』, 室蘭市まちづくり活動支援補助事業, H24,6.26.

[11] Patchanee PATITAD, Hidetsugu SUTO, "Designing Engineering Design Workshop for Student with Different Areas of Education", *Proc. International Symposium on Affective Science and Engineering 2017*, A2-1, 2017.

[12] 片井修, 共創のライプニッツ時空,『計測と制御』, Vol.51, 　No.11,

pp.1023-1028, 2012.

[13] 小北麻記子，中浦有紀，須藤秀紹：ピクトグラムを用いたノンバーバルコミュニケーションシステムの提案，『第36回知能システムシンポジウム資料』，pp.377-380, 2009.

[14] 須藤秀紹，ビブリオバトルの科学，ビブリオバトル入門，一般社団法人 情報科学技術協会，pp.114-134, 2013.

第11章
生命システム論から不便益を捉えなおす：不便益の実在証明

　不便益は「不便の益」，「便利の害」などを論じるシステム論であるが，ここで言う「不便」，「便利」は主観的に定められるものであるため，不便益の存在はともすると単なる考え方の問題に見えてしまうかもしれない．あるいは，敢えて不便を導入しようとする方法論が，便利を放棄しようとするある種の懐古主義であると誤解されることもあるだろう．それに対し，本章では，主に生命システムに関する議論を土台として不便益を再考することを通じ，不便益は確かに存在し，それは決して懐古主義ではなく，（プロダクト）デザインに関する確かな理論的バックグランドを有するシステム論であることを示す．

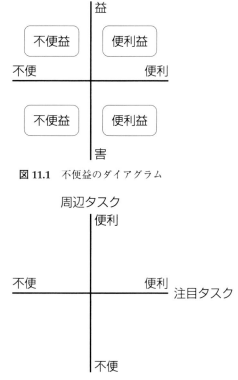

図 11.1 不便益のダイアグラム

図 11.2 不便益に関する西本ダイアグラム

11.1 不便益は本当にあるのか？

不便益の概念をわかりやすく視覚化したものとしてよく用いられるダイアグラムを図 11.1 に示す [1]．このダイアグラムの主張は「便利―益」，「便利―害」，「不便―益」，「不便―害」の対が存在するということであるが，あるデザインがどの相（象限）に在るかを位置づけしようとするものであり，どちらかと言うと定性的な図式である．これに対し，第 16 回不便益システム研究会において，北陸先端科学技術大学院大学教授の西本一志氏[1]は，より一般的なダイアグラムを提案した（図 11.2, [2]）．この西本ダイアグラムでは，元の図における便利―不便軸が注目タスク（ユーザもしくは設計者が意識的かつ明示的に便利を追求している対象）の便利―不便軸と読み替えられ，元の図の益―害軸が周辺タスク（注目タスクに対し随伴的，非明示的に発生する事象）の便利―不便として表現されている．つまり，西本ダイアグラム

---

[1] 本書の第 9 章「妨害による支援」を担当．

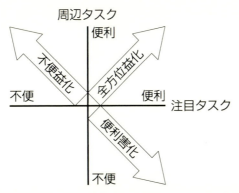

図 11.3 西本ダイアグラムによる便利害，不便益，全方位益の表現

は益と害とは別のタスク，別の側面における便利と不便のことであると主張している．

また，元のダイアグラムが便利—不便と益—害という，概念的に異なる2軸から構成されているのに対し，西本ダイアグラムは2軸とも便利—不便という同種の概念により構成されているため，定量的な議論がやりやすいという利点がある．西本はまず，このダイアグラムを用いて，便利害や不便益を表現した（図 11.3）．つまり，便利害とは注目タスクにおける便利の追及の結果周辺タスクにおいて不便が発生している状況であり，逆に不便益とは注目タスクにおける不便を受け入れることにより，周辺タスクにおける便利を享受できるという状況，ということである．

西本はこれらを示した上で，自己批判的に次のように述べた．すなわち，このダイアグラムで考えると，図 11.3 右上に示すとおり，注目タスクと周辺タスクの両方の便利が満たされることが理想的である．そうすると，不便益とは注目タスクと周辺タスクの両方に益がある状況，つまり「全方位益」を実現できない場合の言い訳ではないか，と．

本章は，筆者が続く第 17 回不便益システム研究会において，上記の問いに応える形で行った，「生命と不便益」という講演の内容を基にしたものである [3]．本章では，生命システム論の観点からシステム論としての不便益を整理し，以下のとおり主張する．

1. 便利の定義は環境に依存する．

2. 注目タスクの軸に対し，直交する周辺タスクの数は複数，あるいは無数に存在する．

3. どのようなデザインにおいても必ず注目タスクと周辺タスクの間にトレードオフが存在する．したがって，ある限度を超えての全方位益の実現は不可能であり，どのような場合においても不便益は常に存在する．

以下，これらについて順番に議論する．

11.2 便利は環境に依存する

11.2.1 ダーウィンフィンチの不便益

本節では，進化論の始祖たるチャールズ・ダーウィンを起点として議論を開始してみよう．ただし，ここでのポイントは進化論に関してではなく，ビーグル号に乗船したダーウィンがガラパゴス諸島で出会ったダーウィンフィンチについてである．

ガラパゴス諸島には，ダーウィンの名前に由来するダーウィンフィンチという鳥類が存在する．これらの鳥類は，くちばしの形がそれぞれの食性に特化した形状をしている（図 11.4）．たとえばガラパゴスフィンチやオオガラパゴスフィンチなどの地上フィンチたちは，そのくちばしの大きさと厚さに応じて主食とする植物の種の種類が異なる．その他にも，サボテン食を行うサボテンフィンチ，昆虫食を行うムシクイフィンチ，血液食（吸血）を行うハシボソガラパゴスフィンチなどが存在し，それぞれその食性に適したくちばしの形状を有している．

さて，特定の食物に特化したくちばしを有するということを，便利・不便という観点から考えてみよう．どんな食物にでもそれなりに対応できるくちばしを持ったジェネラリストと比べ，特化したくちばしを有するということ

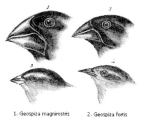

図 11.4 『ビーグル号航海記』より 1. オオガラパゴスフィンチ 2. ガラパゴスフィンチ 3. コダーウィンフィンチ 4. ムシクイフィンチ

は優れているのであろうか[2]．この点について，思考実験を試みてみる．

同じ資源を必要とする生物の間には，資源の奪い合いによる競争が発生する．したがって，ジェネラリストはそれぞれの分野でのエキスパートであるスペシャリストと競争し資源を獲得せねばならない．しかし，おそらく多くの場合，ジェネラリストは各資源に対するスペシャリストに勝てない．ジェネラリストに比べ，地上に落ちた種子を食べる効率はガラパゴスフィンチが，サボテンの種や蜜を食べる効率はサボテンフィンチが勝るはずである．スペシャリストたちとの競争の結果，おそらくジェネラリストは何らかのスペシャリストへと進化するか，もしくはいずれ絶滅してしまうだろう．どちらの場合にしろ，ジェネラリストはいずれいなくなる．それに対し，別々の資源を用いるスペシャリスト同士では，このような競争は発生しない（食い分けによる共存が成立している）．つまり，特定の食物に特化することは，別の対象を資源とすることができないという点である種の不便をもたらすかもしれないが，それによって種の安定性の向上に寄与しているとも言える．これは不便益の例であり，全方位益が不可能である状況の例でもある．

しかしながら，実際のところ特化型のくちばしはある種の不便をもたらすこともある．1976年から1977年にかけて，ガラパゴス諸島のダフネ島は大干ばつに見舞われた [4]．その影響で，島内における小さくて柔らかい種子は減少し，大きくて固い種子のみが残る結果となった．このような環境の変化は，小さくて柔らかい種子の捕食に特化した種の生存に深刻な影響を与え，1977年初めに1200羽いたガラパゴスフィンチは1977年末には180羽に，280羽いたサボテンフィンチは110羽に，そして10羽いたコガラパゴスフィンチは全滅した [4]．このような状況を生き残ったのは，大きくて固い種に特化した，くちばしの厚いフィンチであった．つまり，食性を特化させることにより得られた便利は，当該資源の安定供給が保証されている限りにおいての便利なのである．つまり，便利の定義は環境に依存する．

11.2.2 車は便利か？

便利の定義は環境に依存するということについて，もう少し考えてみよう．なお，以下の議論は本川達夫著，『ゾウの時間ネズミの時間』の第6章に大きく依拠している [5]．

現代において，自動車は日常生活に欠かせない便利な道具である．自動車は，徒歩では実現できない高速，長距離の移動を可能にしてくれる．また，

[2] そんな都合の良いジェネラリスト型くちばしが存在し得るのかという問題について，ここでは棚上げにしておく．

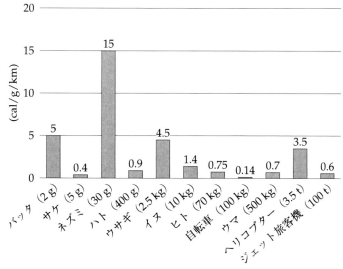

図 11.5 移動のエネルギー効率（Wilson 1973 より，著者一部調整 [6]）

車輪による移動はエネルギー効率にも優れている（図 11.5）．自転車に至っては，鳥の飛行や動物の移動などの自然界に存在する移動手段を含む，この世界に存在するすべての移動手段の中で，最も高い効率を有している．たとえば徒歩の場合，前に振った足を後ろに振り返すことが必要になり，また，足を上下動させる必要もあるため，垂直，水平方向でのエネルギーロスがある．それに対し，車輪の回転運動によって移動する場合，車輪の回転方向は一定であり，上下動によるエネルギーのロスもない．車輪による移動の効率が良い理由は，以上のとおりである．

しかしながら，優れた移動効率にも関わらず，自然界には車輪によって移動する動物は存在していない[3]．そしてそれがなぜかという問いは，生物学において古くから議論されてきたトピックである．

自然界に車輪が存在しない理由として，まずは構造的な問題を挙げることができる．第1に，車軸には軸をねじる力がかかるが，生物素材は実在の車輪の軸と比べると比較的柔らかく，したがって生体がそのような力に耐えうる軸を作ることが難しいのではないかと想定される．そして，車輪が回転し続けるためには車輪と軸受けが分離されていなければならないが，そのような場合，血管や神経を車輪と接続することが難しく，どうやって車輪部分にエネルギーを供給するのかという問題が発生する．

構造的な問題が解決されたとしても，それに続いて環境に関わる問題が

[3] 例外として，ミクロのスケールでは，ある種のバクテリアが有するべん毛モーターが，車輪様の機構として存在する．

発生する．まず，車輪は凹凸に弱い．車いすの場合，車輪の直径の $\frac{1}{4}$ までの高さであれば重心の移動を工夫することによりなんとか乗り越えらえるが，$\frac{1}{2}$ 以上の高さになった場合，原理的に乗り越えることは不可能となる．また，車輪は柔らかい地面に弱い．徒歩の場合，柔らかい地面においても片方の足が地面を踏みしめて「押す」ことにより推進力が得られる，つまり地面と足の摩擦に大きな影響を受けないのに対し，車輪は地面との連続的な摩擦によって推進力を得ているため，たとえば泥道などの上を走行する場合，回転に対する大きな抵抗を受けてしまう．さらに，車輪によって垂直な壁を登ることは当然できないし，車輪を用いてジャンプすることは構造的に不可能である．また，車輪による移動時に旋回する際には一定のスペースが必要であり，小回りが効きにくいという弱点もある．

仮に生物が構造的な問題を乗り越えて車輪構造を発明したとしても，その次には環境的な問題が立ちはだかる．生息圏内のすべての箇所は車輪の大きさの $\frac{1}{4}$ 以下の段差しかない平坦な道でつながっていなければならず，また，その道の表面は十分に硬く水はけの良いものでなければならない．それはたとえば木々が生い茂る熱帯雨林や岩だらけの山岳地帯では不可能であろうし，当然砂漠地帯なども条件から外れる．というより，おそらく自然界にそのような条件が整った十分に広い生活圏は存在しないのではなかろうか．つまり，車輪がその機能を十分に発揮するためには良く整備された平坦な道路環境が前提となる．自動車や自転車は確かにエネルギー効率の良い便利な移動手段であるのだが，それはたとえば本州であれば北は青森から南は山口まで，すべての箇所が平坦な道路でつながっていることを前提とした「便利」であり，ジャングルにおいて自動車は決して便利な道具にはならない．これもまた，便利の定義が環境に依存している例である．このように考えると，自動車や自転車のエネルギー効率の計算には，道路の整備に必要なエネルギーも含めなければならないようにも思われてくる．

最後に本節をまとめよう．サボテンフィンチのくちばしが有する便利は，生息環境におけるサボテン種の安定性に依存している．自動車の便利は良く整備された道路環境に依存する．その他にも，携帯電話の便利は良く整備された通信環境に依存するし，家電製品の便利は電力の安定供給に依存している．このように，便利の定義は環境に依存するものであり，環境を無視して独立に設定できるものではない．

11.3　周辺タスク軸は複数存在する

11.3.1　ゾウはネズミより優れているのか？

　まず準備として，ニッチという用語，概念について整理する．ニッチとは，生物種が生息環境において果たしている役割や，生態学的地位のことである．ニッチという言葉の原義は花瓶などを置くために壁に開けられた穴のことであるが，生物学的用語として考えた場合，「身の置き所」とでも言えばわかりやすいかもしれない．実際ニッチとは，

- **どこに住むか**：地上か水中か木の上か

- **何をどのように捕食するか**：前節の内容で言うと，小さくて柔らかい種を食べるのかそれとも硬くて大きい種を食べるのか，それともサボテンを食べるのか

- **どのようにして移動するか**：地をはうのか走るのか空を飛ぶのか

などによって決まる．要するに生き方のことと考えてもよい．通常，同じニッチを複数の種が占めることはなく，原則として1つの種が1つのニッチを占める．

　さて，本節ではゾウとネズミの比較から議論を開始してみよう．まず，エネルギーの効率が良いのはゾウのほうである．異なる生物種間で比較した場合，生物のエネルギー消費量 E は体重 W に対し，$E = kW^{\frac{3}{4}}$ という関係にあることが知られている[4]．つまり，たとえば2つの種の間の体重差が16倍であったとすると，エネルギーの消費量の差は $\sqrt[4]{16^3} = \sqrt[4]{2^{12}} = 2^3$ で8倍となる．

　この式によってゾウとネズミの比較を行うと，オスのアフリカゾウの体重はおよそ6,000 kg，ハツカネズミの体重はおよそ20 gであるため，体重はおよそ30,000倍であるのに対し，エネルギーの消費量は約2,000倍にしかならない．実際，ゾウが1日に200 kgから300 kg程度，つまり体重の $\frac{1}{30}$ から $\frac{1}{20}$ 程度に相当するエサを食べるのに対し，ハツカネズミは自重の $\frac{1}{4}$ から $\frac{1}{3}$ の量を食べる．単純に量で比べればもちろんゾウの食べる量は非常に多いが，自重との比率で比べると，ネズミのほうが大食いなのである．ネズミなどの小さな動物は，常にエサを探索し捕食を継続しないと簡単に餓死し

---

[4] ここで k は比例定数である．生物における2つの指標 x, y に対して $y = bx^a$ という形のべき乗関係が成り立つ時，これをアロメトリー則と呼ぶ[5]．

てしまう（実際，2, 3日程度の絶食で餓死する）．またこれは，図11.5に示した移動のエネルギー効率に関してネズミなどの小動物の移動効率が非常に悪い理由の1つである．

寿命に関しても，上記のようなアロメトリー則が存在する．寿命Tは体重Wに対し，$T = kW^{\frac{1}{4}}$となる [5]．ゾウとネズミで比べると，当然ゾウのほうが長寿命であり，ゾウの寿命約60年に対し，ハッカネズミの寿命は2年程度である．なお，これらの寿命は人工的な飼育環境におけるものである．当然，ゾウよりもネズミのほうが天敵は多く，捕食される可能性は高いため，実際の寿命の差はもっと大きくなるであろう．

以上のような比較から単純に考えると，どうもゾウのほうがネズミよりも優れているように思えてしまうかもしれない．もし自分が生まれ変わってどちらかになることを選ばなければならないとするならば，おそらくゾウを選ぶ人のほうが多いのではないだろうか．しかしながら，そう単純に優劣を決めることはできない．

まず，ゾウは個体数が比較的少ないのに対し，ネズミの個体数は非常に多い．全世界に存在するアフリカゾウの個体数は50万頭程度である [7] のに対し，ニューヨークに生息するネズミの数（ただしこれはハッカネズミに限らない）は200万匹程度であるという試算がある [8]．また，ゾウのほうが寿命が長い分，世代交代はゾウのほうが非常に遅い．さらに，ゾウの身体的構造は，その特徴的な鼻や，大きな体重を支えるために特別な構造をしている足など，非常に作りこまれたものであるため，それ以上の変化は難しいと思われる．以上の条件を考慮すると，生息圏になんらかの大きな環境変動が発生した際，それに対して適応的に変化する余地を持っているのは個体数が多く，世代交代が早く，小さくて比較的進化の速度が速いネズミのほうであると考えられる．つまり，生存に不利となる大きな環境変動が発生した場合，おそらく種が存続する可能性が高いのはネズミのほうであろう．このように考えると，ゾウとネズミのどちらが優れているのかという問いに対し，それを評価するための軸は複数存在する．ゾウもネズミもそれぞれのニッチを生きているのであって，そこに絶対的な優劣はつけられない．

さらにつけ加えて言うと，本項で行ったゾウとネズミの比較は，サイズ，重量における違いがエネルギー効率や寿命などにまで波及することを示すための例である．生物の場合，ある1つの特性が別のニッチを形成するほどに変化してしまった場合，その生物種の在り方の全体にまでその影響は波及

する．次項では，もう少しそのような例を考えてみよう．

11.3.2　空飛ぶトリは地をはうケモノより優れているのか？

　周辺タスク軸が複数存在するということに関して，もう1つ別の例を考えてみよう．本項のタイトルのとおり，ここでは鳥類の空を飛ぶという機能について考えてみる．空を飛ぶことのメリットは，地上の動物に捕食されにくいということや，地上の動物に比べ高速移動が可能であり，効率の良いエサの探索が可能となること，あるいは地上の生物が用い難い場所を住居とできるため，巣の安全性が高まるということなどが挙げられる．

　しかしながら，空を飛ぶことが生存に関して絶対的な有利を与えるのかというと，そうではない．もしそうであるなら，現存する動物の絶対数において，鳥類がその他を圧倒しているはずであるが，実際にはそうはなっていない．なぜならば，空を飛ぶために鳥たちはそれなりの代償を払っているからである．まず当然のことながら，空を飛ぶためには翼が必要である．鳥類は前肢を大きく変化させることにより翼を獲得した．当然それにより，前肢を他の用途に用いることができなくなり，その結果鳥の前肢はたとえば物を保持したり，壁を登るのに使ったりといった機能を失った．角質でできているくちばしは，歯や咀嚼筋を放棄することにより，頭部の軽量化を実現するために発達したとも言われているが，同時に失った前肢の機能を補填するために進化したものであるとも言われている．実際，くちばしは物をつまむ，捕食対象を攻撃，殺傷する，食物を探して土の中などを探る，毛づくろいを行う，雛にエサを与えるなどの用途に用いられている．しかしながら，11.2.1項ですでに見たとおり，くちばしは採餌行動に制限を与えるものでもあり，それなりのデメリットをもたらす側面もある．さらに，飛行のために体重の軽量化も必要となる．そのため，鳥類の骨格重量は，一般的には全体重の5%程度に抑えられており，個々の骨も中空な構造を有している．当然衝突時などにおける骨折の危険性は高まる．しかし，これだけの軽量化を行ってもなお，大型の猛禽類などは滑空を主とした飛行を行っており，上昇のためには上昇気流を利用するなど，飛行のために必要となるエネルギーを節約するための努力をしている．トリという生活も，わりと大変なのである．

　前項の主張の繰返しになるが，空を飛ぶという機能を実現するだけでもこれだけの様々な要素に影響を及ぼす．これもまた，西本ダイアグラムにおける周辺タスク軸が複数存在することの例証となるだろう．そして，タイトル

の問いかけに対する答え方も，前項と同じである．トリはトリとして，ケモノはケモノとして，それぞれのニッチを生きているのであって，そこに絶対的な優劣は存在しない．

11.3.3 では，道具の場合は？

　前項および前々項では，自然界に生きる動物を例として，ある性質における変化が他の複数の性質に影響を与えてしまうことを論じた．本項では，同様のことが道具にも当てはまることを論じたい．

　フライパンを例として考えてみよう．フライパンの主な機能，つまり，フライパンにおいて注目タスクとなるのは，主に食材を炒め調理することである．フライパンの素材にはいくつかの選択肢があるが，それにより同じサイズのフライパンでも異なる重さを有するものとなる．サイズの違いは重量の違いと一度に扱える食材の量に影響する．素材や重量，サイズといった属性は，フライパンが扱うことのできる食材量のキャパシティ，あるいは筋力の低い者にとっての使いやすさに影響を及ぼす．あるいは，ものすごく厚い板でフライパンを作ることにより，食材への熱の伝達が非常に均一であるフライパンを作ったとする．ただしその重量は 200 kg であったとするならば，取り扱いは非常に難しいであろうし，食材を良くかき混ぜることは困難になるだろう．

　では，樹脂加工のフライパンはどうだろうか．一見，フライパンとしてのその他の属性に影響はないように思える．食材が表面に焦げ付きにくくなるという点のみが改善されており，これは単一の属性における変化，改善と見なせそうに思われる．しかしながら，鉄のフライパンを使い続ける場合と違い，「表面樹脂加工付きのフライパン」という道具が存続するのは，樹脂加工の寿命の範囲内のみである．つまり，樹脂加工により，道具としての寿命は短くなる．さらに言うなら，まったく同じ素材で作られた，樹脂加工なしのフライパンと比べると，当然コストは高くなるだろう．

　以上の議論はひょっとしたら屁理屈じみているように聞こえるかもしれないが，要約するとこうである．つまり，いかなる道具もそれが現実世界である機能を実現するためには質料（物理学でいうところの質量ではなく，アリストテレスの四原因説における質料因のこと）を持たざるを得ない．したがって，ある特性，ある機能における変化は必ず道具の質料（素材なり重さなり）に影響を及ぼす．刀の長さの違いはそれが用いられる状況や武器として

のカテゴリーにおける違い，それを用いた戦闘法の違いをもたらし，一見純粋な（形相的な）機能のみを持つように見えるコンピュータですら，その計算能力の向上は消費電力や発熱量，コストなどにおけるモノとしての違いをもたらす．つまり，注目タスク軸における変更が，様々な周辺タスク軸における変化につながるということは，生物においても道具においても同じように起こること，つまりデザイン一般で発生することである．

11.4 いかなるデザインもトレードオフを免れ得ない

11.4.1 どんな毒物にも耐えられる生物は存在しないのか？

　本節では，ある一定以上の「全方位益」は不可能であることを示すため，注目タスク軸と周辺タスク軸の間には必ずある種のトレードオフが発生するということを示す．そのために，まずは毒物の話から始めよう．

　ヒ素は生物に対する毒性が非常に強い物質である．人間がヒ素を摂取してしまった場合，すべての臓器，組織に速やかに分布し，様々な悪影響をもたらす．たとえば，ヒ素は酵素の働きを抑制してしまうことにより細胞の代謝を阻害する．致死量は 100 mg から 300 mg 程度であり，このことからもその強い毒性が理解できるだろう．実際，1998 年に発生した和歌山毒物カレー事件では，ヒ素が混入したカレーを食べた 67 人が腹痛や吐き気などを訴えて病院へ搬送され，そのうち 4 人が死亡した [9]．

　とはいえ，ヒ素のような毒物の影響は，摂取する者の体質や耐性に依存する．たとえば，日本人は比較的ヒ素に対する耐性が高いらしい．これは，日本人がよく食べる海藻類にはそれなりの量のヒ素が含まれているため，それに適応した結果であると言われている．実際，海外のいくつかの国では無機ヒ素を多く含むひじきをあえて食べないようにとの勧告が行われた．また，これは筆者の個人的な体験であるが，大分県の別府において飲泉用に提供されている温泉で，「ヒ素が含まれているため，一日の飲用量は紙コップ $\frac{1}{3}$ 程度に留めること」という注意書きがあって，非常に驚いたことがある．それでも日本人はひじきを食べて生きているし，飲泉によってヒ素を摂取したりもしている．

　ところが，ヒ素に対する耐性をもっと強烈な形で有している民族がこの世界には存在する．アルゼンチン北東部に位置する集落で暮らすアタカメニョ族の子孫たちは，日常的にヒ素が含まれる水を飲用している．彼らの集落は

火山性土壌の上にあり，土壌に含まれたヒ素を含む湧水を水源として常飲していたことから，次第にヒ素への耐性が高まったらしい．スウェーデンのルンド大学の調査では，1万年から7千年前ごろに発生した遺伝子の変異により，彼らはヒ素に対する耐性を獲得したとのことである [10]．

そのようなことが可能になるのならば，世の中に存在するありとあらゆる毒物に耐性を有する人類は存在しないのだろうか．たとえばスパイ映画には，訓練によって様々な毒物への耐性を獲得したエージェントが登場することがあるが，そのような行為を繰り返すことにより，人類はすべての毒を克服することはできないのだろうか．

残念ながら，おそらくそれは不可能である．毒物に対する耐性を持つということは，なんらかの代謝機能によって毒物を処理する能力を獲得するということであるが，それを行うためにはいくつかの遺伝子とそれによって合成される酵素を維持する必要がある．もしその維持コストが耐性を有することによるメリットを上回るならば，そのような耐性は生存のために有利とならず，したがって子孫に受け継がれない．

それの傍証となるのが，人類はほ乳類の中でも珍しく，ビタミンCを合成する能力を有していないという事実である．ほ乳類の中でビタミンCの合成能力を持たないのは，ヒトを含むサルやモルモットなど，ごく一部である．このことは，人類が進化の過程でビタミンCの合成能力を失ったということを示唆する．ビタミンCは，ビタミンというその名のとおり生存のために必須な物質であるが，ビタミンCの合成系を維持するコストに比して，自らビタミンCを合成するコストが上回ったため，結果的にビタミンCを合成する能力が失われたと考えることができる．

同じように，毒物に対する耐性（代謝能力）を維持するコストが，耐性を有することによるメリットを上回るのであれば，その形質は子孫には受け継がれないであろう．したがって，日常的にヒ素にさらされる環境にでもいない限りは，ヒ素に対する耐性が発達することはおそらくあり得ないし，まして世に存在するすべての毒に対する耐性を持つことにおそらく意味はなく，これも不可能であろう．

11.4.2 万能生物は存在しないのか？

思考実験的に，万能生物の存在を考えてみよう．ここで言う万能生物とは，およそ動物がエネルギーとして用いることができるものはなんでも捕食

対象とし，どのような攻撃や環境変動にも対応することができる，生存能力に関して万能といえる能力を持った生物のことである．

前項の議論から推測できることでもあるが，そのような生物はおそらく存在し得ない．まず，ここで想定している万能生物は究極の雑食であり，草食にも肉食にも対応可能である．しかしそうなると，肉食を可能とする牙と，草食に適した，草をすりつぶすための臼歯を同時に持っていなければならない．この時点ですでに若干の矛盾があるが，この万能生物は我々人間のように雑食に適した歯の構造を有しているとしても，さらに問題が発生する．すなわち，草をうまく消化することはそれなりに大変なことなのである．たとえばウシは4つの胃袋を持っており，ウシが食べた草は複数の胃の間を行き来し，反芻される．草食を可能にするためにはかように複雑な消化機構を必要とするのである．そうであれば，肉食に特化したほうが効率は良さそうだ．

万能生物の存在を想定した時，このような矛盾は他にも発生する．たとえばどのような生物毒にも耐えられる，どんな毒キノコをも捕食できる，というような性質について考えてみた場合，これもまた前項における議論の帰結と同じで，毒耐性の維持コストにおいて問題が発生する．もしここで想定するような万能生物が仮に存在するとしたならば，その生物において，捕食によって得られるエネルギーは，消化吸収のために必要なコストを下回るだろう．つまり，食べれば食べるほど飢餓に陥ってしまう．

ここで想定している万能生物とは要するに，十徳ナイフのようなものである．十徳ナイフには栓抜き，はさみ，爪きり，ナイフ，ドライバーなど様々な道具が付属している．複数の道具をコンパクトに携帯できるという点では優れているものの，個々の道具の使いやすさはそれぞれ単品の道具，たとえば単品のナイフに比べて劣る．

このように，ある機能の向上は必ず別の場所でのトレードオフを発生させる．簡単に言うと，あちらを立てればこちらが立たずということである．十徳ナイフは道具として破綻してはいないが，思考実験の中で登場した万能生物は「百徳ナイフ」のようなものであり，生物として破綻している．つまり，ある一定の限度を超えた全方位益は存在し得ない．

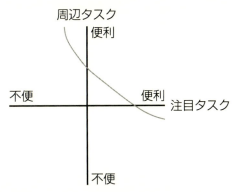

図 11.6 注目タスクと周辺タスクの間にあるトレードオフ

11.5 不便益の存在証明

11.5.1 不便益はいつ現れるのか？

　本節では，ここまでの議論を踏まえ，不便益を表現するための新しい図式を，西本ダイアグラムを基礎として構築してみる．まず，どのようなデザインにおいても必ず注目タスクと周辺タスクの間にトレードオフが存在するということから，西本ダイアグラムの中にトレードオフラインを引くことができる（図 11.6）．この図は，注目タスクの便利と周辺タスクの便利がラインを越えた右上側に位置することはできないということを示している．

　便利の定義は環境に依存するということは，注目タスク軸の方向もしくは縮尺が状況に応じて変動する，もしくはトレードオフラインが環境条件に応じて動く，というふうに理解して良い．当然，このような状況においてある程度以上の全方位益を実現することはできない．さらに，この図式の裏には，複数の周辺タスク軸が隠れている（図 11.7）．したがって，不便益は多次元の便利を論じるものであり，不便益的な視点からデザインを論じる際には，多次元の分散表現もしくはベクトル表現が用いられるべきであろう．

　全方位益を議論すべきなのは図 11.8 の×印に示すような状況においてである．つまり，デザインがあまり洗練されておらず，まだ改善の余地が残っているような状況では当然さらなる開発が必要とされるのであって，これは不便益を論じる対象にはならない．つまり，このような状況では単純にデザインの洗練に注力すべきであって，あえて不便化を考える必要はない．

　デザインが洗練され，図 11.8 の○印のような状況に至った際，初めて不

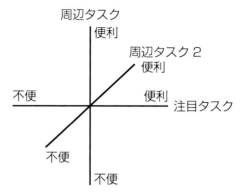

図 11.7　周辺タスクは複数存在する

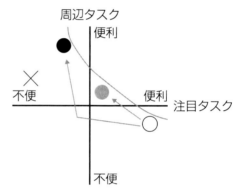

図 11.8　発展途上のデザイン（×印），便利害をもたらすデザイン（○印），並びに問題解決型不便益と価値発掘型不便益（○ → ●，○ → ●）

便益を論じる意義が生じる．つまり，注目タスク軸における便利を追求するあまり，周辺タスク軸における不便が発生してしまっているような状況においてである．そして，不便益の戦略はただ1つではない．このような状況において，過度な便利の害を取り除くことが問題解決型の不便益（図 11.8 ○印 → ●印）であり，あえて注目タスクにおける不便を受け入れ，積極的に不便の益を獲得しようとするのが価値発掘型の不便益である（図 11.8 ○印 → ●印）[11]．前者はその名のとおり，注目タスクにおける便利を追求するがあまり周辺タスクにおける不便（便利害）が発生した際に，それを取り除くことを追求するための不便益であり，後者はあえて積極的に不便をもたらすことにより，それによって発生する別の便利を積極的に探し出すための不便益である．

ここまでの議論によってすでに示せたのではないかと思われるが，不便益

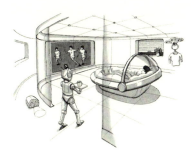

図 11.9 オートメーションの果て：スーパーコンフォートソファー（株式会社 ND デザイン影山友章氏による）

とはデザインの洗練の果てにおいて議論されるべきものである．異なる便利と便利のトレードオフは必ず存在するため，ある軸の便利を追求した果てには必ず不便益の必要性が立ち上がる．

11.5.2　人類の生存のための不便益

本項のタイトルはちょっと大げさに見えるかもしれないが，人類の生存を担保するためには不便益を考えることは絶対に必要である．そもそも，これまでの人類にとって，注目タスク軸となる便利とは一体なんだったのかを考えてみよう．基本的には，生存のためのエネルギー確保とその拡大である．それはたとえばシステマティックな食物の大量生産による利用可能なエネルギー（栄養源）の拡大であったし，あるいは様々な作業を効率化，自動化することにより，労働から解放され，他の作業に利用可能な時間資源を獲得することであった．つまり，人類の発展にとっての注目タスク軸は基本的にはエネルギーの軸であるわけだ．

さて，上記に例示されたような，作業の効率化と自動化を究極にまで推し進めると，図 11.9 に示すような状況に至ってしまうことが想像できる．同図はデザイナーである影山友章氏[5]によるものである．ここでは，移動，食事，娯楽の享受など，生活，生存に必要なすべてが 1 つのソファーによって過不足なく提供される様が示されている．このように，生活状況における便利を極限まで推し進めた結果，人間が自ら何もやらなくとも生活のために必要となるサポートがすべて充足されてしまう状況は実現され得る．

確かにこれは「便利」を突き詰めた状況ではあるのだが，直観的にはディストピア的な状況に見える．自ら何も為すことなく，生活に必要なサポートがすべて与えられる状況に，普通はある種の抵抗を持つのではないだろう

[5] 株式会社 ND デザイン所属．

か．このような抵抗感について，本章の議論は具体的な理由づけを行うことができる．

　生物の場合，生存と矛盾する便利は存在を許されない．これは，前述の思考実験における万能生物が，実際には存在し得ないのと同じことである．おのおのの生物が占めるニッチとは，様々な工夫を凝らしつつ，それなりの犠牲を払いつつも，生存とは矛盾しない生き方の位置，そのようなものである．

　それに対し，道具によって自らの身体を超えた機能とエネルギーを身体の外部に有することができる人間においては，これが当てはまらない．したがって，過度に便利を発達させることにより，図11.9のような状況に至ることが，人間には可能なのである．しかしそうして発達した便利が，必ずしも人間の生存，存続に寄与しないことが問題なのである．たとえば，生まれた時からスーパーコンフォートソファーで育った人間が，自分の子供に適切な教育を施すことができるだろうか．そもそもコストを投じて子供を産もうとするか，あるいは夫婦となるパートナを探そうとする動機を持ち得るであろうか．図11.9に感じられる抵抗感は，それが人間の生存と存続に矛盾するということを，直観的に知らしめるからであると考えられる．

　もちろんこれはひどく極端な例であるが，現実世界でもすでに同様なことはいくらでも起こっている．たとえば，会社組織にとっての便利は会社員の幸福とは必ずしも一致しない．これは社会人の過労死や自殺の問題を考えればそれなりに明らかだ．もしくは，国家の便利と国民の幸福は必ずしも一致しない．もしそうでないなら，革命や政権交代は決して起こらないはずである．どちらの例においても，長期的には構成員の幸福を欠くことは，システムとしての会社，国家の存続にとってマイナスとなるにも関わらず，である．そう考えると，不便益とはそう新奇な概念ではなく，道具もしくはシステムのデザインを多角的に考えようとする時の1つの方法論であり，その表出である．それは決して懐古主義などではなく，デザインが洗練された末に，再度考え直す糸口を提案するものであり，成熟した社会でこそ求められる手法である．

第 11 章　関連図書

[1] 川上浩司，『不便から生まれるデザイン―工学に活かす常識を超えた発想―』，化学同人，2011.

[2] 西本一志，便利と不便のゆらぎ：Negative factor の活用による知的活動支援と不便益，第 16 回不便益システム研究会，2016.

[3] 白川智弘，生命と不便益，第 17 回不便益システム研究会，2016.

[4] Jonathan Weiner 著，樋口 広芳，黒沢 令子訳，『フィンチの嘴―ガラパゴスで起きている種の変貌』，早川書房，2011.

[5] 本川達雄，『ゾウの時間 ネズミの時間―サイズの生物学』，中央公論社，1992.

[6] Wilson S. S., Bycycle Technology, *Scientific American* 228, pp.81-91, 1973.

[7] 小原秀雄，『ゾウの歩んできた道』，岩波ジュニア新書，2002.

[8] Auerbach, J., Does New York City really have as many rats as people?, *Significance* 11, pp.22-27, 2014.

[9] 知恵蔵（ウェブ版，https://kotobank.jp/word/和歌山・毒物カレー事件-182303, accessed in 2017.8.15）.

[10] Engström, K. S., et al., Genetic Polymorphisms Influencing Arsenic Metabolism: Evidence from Argentina, *Enviromental Health Perspectives* 115, pp.599-605, 2007.

[11] 川上浩司，『ごめんなさい，もしあなたがちょっとでも行き詰まりを感じているなら，不便をとり入れてみてはどうですか？　～不便益という発想』，インプレス，2017.

本書に記載された内容の一部は，以下の助成を受けて実施された研究の成果である．

科研費萌芽 18656114
「不便の効用を活用したシステムデザイン法の構築」
科研費基盤（B）21360191
「不便の効用を活用したシステム論の展開」
科研費基盤（B）26280126
「妨害による知的活動支援技術の確立とその日常的学び活動への応用」
科研費基盤（B）28010226
「関係論的な行為方略を備えるロボットとその関係発達プロセスに関する研究」
科研費基盤（B）23300331
「博物館にデザイン―評価サイクルをもたらす展示評価ツールキットの開発」
科研費基盤（C）25350662
「先天性上肢欠損児のための発達を促す義手の開発」
科研費基盤（C）16K01533
「先天性上肢欠損児のための身体知覚発達支援人工ボディパーツのデザイン」
科研費基盤（C）20500220
「メディア・ビオトープによる地域社会活性化についての情報学的分析と応用」
科研費基盤（C）26330376
「自律的発展が可能な地域コミュニティを形成するコミュニケーションメディアの構築」
科研費基盤（A）21241041
「自然な運転状況の中での人間‒機械双中心型多層的追突回避マネジメント」
科研費基盤（A）26242029
「スキルの維持向上に基づき能力限界と機能喪失に備える相補的ヒューマンマシンシステム」
科研費若手（B）21760197
「ドライバの認知的・身体的特性に基づく間接型運転支援システムに関する研究」
科研費挑戦的萌芽 16K12670
「インクルーシブ・ワークプレイス・デザインにおける行動観察の評価指標研究」
三井住友海上福祉財団・研究助成
「安全運転に対する動機づけ向上と行動変容を促す安全運転評価システム」
土木学会委託研究費
「都市・地域交通における防災・減災機能の向上にも資するITS技術に関する研究」

索　引

数字・欧文

100本ノック　18
ACC　21, 23, 25, 32
AEBS　23, 25
Apollon 13　150
CACC　32
COGY　12
ESC　26
FCWS　23
Gestalt Imprinting Method (G-IM)　153
GiantCutlery　152
iDAF drum　159
ISA　24
KJ法　85
LDWS　23
LKAS　23, 25
NHTSA　25
Protégé Effect　126
SDES　31
SD法尺度　70
SNS (Social Networking Service)　131
SWOT分析　85
TableCross　154
TRIZ　66
TV　10
WKSS　33

あ　行

アイデアエントリー　62
アイデアの深化・統合　63
アイデア発想　69
アイディエーション　60
アゴン　89
足こぎ車椅子　12
遊び　88
遊びの分類　89
アタカメニョ族　200
アナリシス　12

アナログ　65
アナロジー　18
甘栗むいちゃいました　2
アリストテレス　199
アレア　89
アロメトリー則　196, 197
安心　8, 14
安全運転　30, 31
安全運転支援　33
安全運転評価システム　30, 31
意思決定　78
イリンクス　90
印鑑　18
インタフェース　31, 32
運転支援システム　21-24, 26, 35
運転補助　25
益　2
益カード　67
エコドライブ　29, 30
エルンスト・マッハ　117
演奏停止　151
園庭　10
オオガラパゴスフィンチ　192
大皿料理　152
オープンスペーステクノロジー　85
オズボーンのチェックリスト　60
お掃除ロボット　115

か　行

外観　45
会議　157
会議支援システム　157
懐古主義　1, 5, 189
外的調整の段階　28
外的要因　27
外発的動機づけ　27, 28
花押　18
科学者とあたま　116
覚醒維持　33, 34

覚醒維持支援システム 33
覚醒度 33
可視化 23
かすれるナビ 16
仮想的なスモールステップ 161
価値発掘型 17, 68, 204
活字文化推進会議 80
貨幣制度 157
可変配光前照灯システム 23
紙の辞書 65
ガラパゴス諸島 192, 193
ガラパゴスフィンチ 192, 193
間隔尺度 13
関係発達論 126
関係論的な行為方略 121
観光 129, 130
観光案内板 135
観光形態の歴史 131
観光ナビゲーションシステム 135
漢字形状記憶 154
間接型運転支援システム 24-26, 28, 29, 32, 34
間接型エコドライブ支援システム 29, 30
完全自動運転 25
キーワード検索 68
義手 39
気づき 14
気づきの機会 9
機能 14
技能 21, 25, 29-31, 34
機能限界 25
機能不全 25
客観 13, 14
客観的な益 22, 29, 34
客観的な省労力 22
教育 50, 150
教育ワークショップ 182
共食コミュニケーション 152
強制選択法 147
競争形式 61
協調フィルタリング 82
共有コミュニケーションスペース 154
共有地の悲劇 154
寄与関係 5
筋電義手 44
鯨岡峻 126
工夫 8, 9
工夫の余地 10

グループホーム 11
車車間通信 32
訓練 42, 150
形容詞対 70
ゲーミフィケーション 88
ゲーム 88
ゲームニクス理論 31, 34
ゲームの四要素 89
ゲーム理論 78
結果 145
原因 145
顕在的な問題 148
原理カード 67
公共施設の計画 174
高次の自動化 25
行動変容 31
効力期待 29
ゴールデンバット 3
コガラパゴスフィンチ 193
誤形状漢字 153
個体能力主義的な行為方略 121
ゴミ箱ロボット 123
コミュニケーション 42
コミュニケーションゲーム 79
コミュニケーション場 75
コミュニケーション場のデザイン 180
コミュニケーションメディア 156, 177
コミュニティ 76, 149
コミュニティ開発 80
コミュニティの老化 185
コミュニティ歩道橋 177
コラボレーション 174

さ 行

サーチエンジン 80
作業用義手 44
サボテンフィンチ 192, 193, 195
散策型観光 132
参与役割 120
ジェイン・マクゴニガル 88
ジェームズ・ギブソン 120
ジェスチャー 18
ジェネラリスト 192, 193
支援 145
視覚性制御 120
仕掛け 28
仕掛学 34

時間制約　61
四原因説　199
自己決定感　27-29
自己肯定感　6, 12, 14, 25, 29, 47
自己肯定感の醸成　29
自己表現　42
辞書　8
指針　1
失敗恐怖　28
質料因　199
私的情報 (private information)　78
自転車　9
自転車通学　65
自動運転　4, 21, 22, 25, 26, 35
自動車　4
視認負荷　32
車線逸脱警報システム　23
車線逸脱防止支援システム　23
車頭時間　32
集合知　91
習熟　6, 14, 30, 43
習熟の余地　6
収束的な思考過程　63
周辺タスク　150, 190, 191, 198, 200, 203, 204
主観　13, 14
主観的な益　22, 25, 29, 32, 34
主体性　10, 14
手動運転　26, 34
受容性　33
条件付き自動化　25
衝突被害軽減ブレーキ　23, 24
省燃費運転　29, 30
情報共有システム　84
情報伝達　10
情報発信　42
省労力　2
触力覚情報提示インタフェース　31
書籍情報共有　80
初等教育　162
書評ゲーム　75
シリアスゲーム　88
自律分散　80
事例ベースシステム　68
シンセシス　15
身体的な手間　29
身体的な労力　22
心理学　29, 34

心理的労力　2
スーパーコンフォートソファー　205, 206
スキル　14
スピーチ能力向上　80
スペシャリスト　193
スポーツ用義手　44
スマホ　18
スモールステップ法　161
成功願望　28
生態学的地位　196
生態学的な自己 (ecological self)　119
生態系 (eco-system)　120
生態心理学　120
生命システム　189
潜在的な問題　148
扇子　11
先天性上肢欠損　41
全方位益　191, 200, 203
前方障害物衝突防止警報システム　23
相互構成的な関係　125
操作支援　23-25, 29
相乗効果　168, 169, 174
装飾用義手　44
創発　9, 18
創発性　127
ソーシャルネットワークシステム　173, 183
組織内 Wiki　84
素数　17
素数ものさし　17
ソフトシステム方法論　85

た　行

ダーウィンフィンチ　192
第 3 次 AI ブーム　3
対象系理解　6, 14
対人的な自己 (social self)　119
代替現実ゲーム　88
第 2 次 AI　65
対面コミュニケーション　157
妥協　5
足し算のデザイン　122
達成動機づけ理論　28
旅先での出会い　179
ダフネ島　193
多様性　6
地域コミュニティ　176, 185
地域との相互作用　130

索 引

チープデザイン　122
遅延聴覚フィードバック　159
知覚リスク量　27
知識ベースシステム　65
チャールズ・ダーウィン　192
チャネル理論　174
チャンプ本　79
注目タスク　150, 190, 191, 199, 200, 203-205
挑戦　161
直接型 EDSS　30
直接型運転支援システム　24, 25, 29, 34
直接型支援システム　24
ちんかも　156
通学　9
出会い　14
出会いの可能性　10
定食屋　9
手書き地図　136
デザイナとの約束　8
デザイン　39, 173
デザインワーク　60
手間　2, 13, 22-26, 29, 30, 34
寺田寅彦　116
電子辞書　65
同一視的段階　28
動機　14
動機づけ　26-30, 34
投機的働きかけ　8, 9
道具　43
統合的段階　28
動歩行モード　119
ドライビングシミュレータ　29, 31
ドラム演奏　159
取り入れ的段階　28
トレードオフ　192, 200, 202, 203, 205
トレードオフライン　203

な 行

内在化　27, 28
内発的動機づけ　27, 28
ナビゲーションシステム　15, 132
ナレッジデータベース　84
西本ダイアグラム　190, 191, 198, 203
日常活動　146
日常生活動作　42
ニッチ　196, 197, 199, 206
人間機械系　31, 34

人間不在　4
認証　18
認知支援　23, 25
認知症　11
認知的な手間　29
認知リソース　2, 13
認定条件　12
猫メディア　176
ねるねるねるね　2
能動義手　44
能動的な工夫　14, 30

は 行

パーソナライゼーション　15
バイオリニスト　11
ハシボソガラパゴスフィンチ　192
場作り　75
発言権　157
発散段階　15
発散的思考　60
発散的創造　61
発散的創造技法　60, 61
発想支援　15, 59, 64
発想支援メソッド　68
発達　47
発話権取引　91
バリアアリー　11, 147
バリアフリー　11, 147
半順序尺度　13
判断支援　23, 24, 29
ハンディ・ピクト　179
ピアノ練習　150
ビオトープ　170
ビオトープ指向メディア　169, 174
引き算のデザイン　122
ピクトグラム　179
ビジネス　162
非常事態　151
微少遅延聴覚フィードバック　159
ヒ素　200, 201
ビタミン C　201
左目から見た自画像　118
ビブリオバトル　61, 75, 79, 180, 181
ビブリオバトル普及委員会　79
ヒューマンエラー　23, 34
比例尺度　13
ファシリテーション　85

索引

ファシリテータ　85
フールプルーフ　24
負荷　21, 50
不完全ゲーム　78
複雑性の科学　127
複数の目的　151
富士山エスカレーター　3
物理的労力　2
物理に立脚　8
負の適応　26
部分的自動化　25
不便　2
不便益　1, 21, 22, 25, 29, 30, 34, 35, 190, 191, 203-206
不便益系　34
不便益原理　67
不便益システム　12, 64
不便益システム研究会　190, 191
不便益システムデザイン　1
不便益事例　5, 65
不便益百景　68
不便益ブレストバトル　64
不便益マトリックス　65, 66
不便度　13
不便の効用　19
ブレインストーミング　60, 85
ブレインストーミングの4原則　60, 62
ブレストバトル　60, 61
プレゼンテーションバトル　62
変速機　6
便利　2
便利益　22
便利害　15, 22, 24, 26, 150, 191, 204
包囲光配列　120
妨害　145
妨害要素　146
法の支配　87
飽和　14

ま 行

舞妓　11
舞い散る雪　11
マインドマップ　60, 85
街歩き　16
街作り　174
まちなかライブラリー　181
学びの場づくり　182
ミスタッチ　151

ミミクリ　90
ムシクイフィンチ　192
矛盾マトリックス　66
結びの科学　168
無用の負荷　161
メインタスク　9
メカニズムデザイン　75, 86
メディア・デザイン　163
メディア・ビオトープ　169, 170
メディア・ビオトープの特性　171
目的　2
目標車頭時間　32
目標値　29
目標リスク水準　27
モチベーション　10, 14
モバイル端末　131
問題解決型　204

や 行

夜間時視覚支援システム　23
有能感　27, 28
有用な負荷　161
湯葉　11
夢のみずうみ村　11
様相論理　5
横滑り防止装置　21, 26
予測市場　91
弱いロボット　115

ら 行

ランドマーク　140
リスク補償行動　26, 27
リスクホメオスタシス理論　26
リハーサル　150
リハビリ　12
良書探索　80
利用動機づけ　25, 29, 31, 32
類推　68
レーザーレーサー　3
練習支援システム　159
労力　2, 13
ロジェ・カイヨワ　89
路車間通信　24
ロック解除　18
ロビー　10

わ 行

ワークショップ　60

ワールドカフェ　85
和歌山毒物カレー事件　200
わかりにくい　10
技言語　10

執筆者一覧（右は担当章）

川上　浩司　　　　　　　　　はじめに，第1章，第4章
京都大学

平岡　敏洋　　　　　　　　　第2章，第4章
名古屋大学

小北麻記子　　　　　　　　　第3章
北海道教育大学

半田　久志　　　　　　　　　第4章
近畿大学

谷口　忠大　　　　　　　　　第5章
立命館大学

塩瀬　隆之　　　　　　　　　第6章
京都大学

岡田美智男　　　　　　　　　第7章
豊橋技術科学大学

泉　朋子　　　　　　　　　　第8章
大阪工業大学

仲谷　善雄　　　　　　　　　第8章
立命館大学

西本　一志　　　　　　　　　第9章
北陸先端科学技術大学院大学

須藤　秀紹　　　　　　　　　第10章
室蘭工業大学

白川　智弘　　　　　　　　　第11章
防衛大学校

編著者紹介

川上　浩司（かわかみ　ひろし）

1987 年　京都大学工学部卒業
1989 年　京都大学大学院工学研究科修士課程修了
1989 年　岡山大学工学部助手
1993 年　京都大学博士（工学）
1998 年　京都大学情報学研究科助教授
2007 年　京都大学准教授
2014 年　京都大学デザイン学ユニット特定教授

主要著書

『進化技術ハンドブック　基礎編』（全体編集責任者），近代科学社．2011．
『不便から生まれるデザイン』，化学同人．2011．
『ごめんなさい，もしあなたがちょっとでも行き詰まりを感じているなら，不便をとり入れてみてはどうですか？　〜不便益という発想』，インプレス．2017．

不便益
―― 手間をかけるシステムのデザイン

Ⓒ 2017 Hiroshi Kawakami, Toshihiro Hiraoka,
Makiko Okita, Hisashi Handa,
Tadahiro Taniguchi, Takayuki Shiose,
Michio Okada, Tomoko Izumi,
Yoshio Nakatani, Kazushi Nishimoto,
Hidetsugu Suto, Tomohiro Shirakawa
Printed in Japan

2017 年 10 月 31 日　初版第 1 刷発行

編著者　川上　浩司
共著者　平岡　敏洋・小北麻記子
　　　　半田　久志・谷口　忠大
　　　　塩瀬　隆之・岡田美智男
　　　　泉　　朋子・仲谷　善雄
　　　　西本　一志・須藤　秀紹
　　　　白川　智弘
発行者　小山　透
発行所　株式会社 近代科学社
〒162-0843 東京都新宿区市谷田町 2-7-15
電話 03-3260-6161　振替 00160-5-7625
http://www.kindaikagaku.co.jp

大日本法令印刷　ISBN978-4-7649-0550-4
定価はカバーに表示してあります。

【本書の POD 化にあたって】
近代科学社がこれまでに刊行した書籍の中には、すでに入手が難しくなっているものがあります。それらを、お客様が読みたいときにご要望に即してご提供するサービス／手法が、プリント・オンデマンド（POD）です。本書は奥付記載の発行日に刊行した書籍を底本として POD で印刷・製本したものです。本書の制作にあたっては、底本が作られるに至った経緯を尊重し、内容の改修や編集をせず刊行当時の情報のままとしました（ただし、弊社サポートページ https://www.kindaikagaku.co.jp/support.htm にて正誤表を公開／更新している書籍もございますのでご確認ください）。本書を通じてお気づきの点がございましたら、以下のお問合せ先までご一報くださいますようお願い申し上げます。

お問合せ先：reader@kindaikagaku.co.jp

Printed in Japan
POD 開始日　2021 年 9 月 30 日
発　　　行　株式会社近代科学社
印刷・製本　京葉流通倉庫株式会社

・本書の複製権・翻訳権・譲渡権は株式会社近代科学社が保有します。
JCOPY ＜(社) 出版者著作権管理機構 委託出版物＞
本書の無断複写は著作権法上での例外を除き禁じられています。
複写される場合は，そのつど事前に (社) 出版者著作権管理機構
(https://www.jcopy.or.jp, e-mail: info@jcopy.or.jp) の許諾を得てください。